U0155178

一看就懂的物理学

INSTANT PHYSICS

KEY THINKERS, THEORIES, DISCOVERIES AND CONCEPTS EXPLAINED ON A SINGLE PAGE

[英] 贾尔斯·斯帕罗（Giles Sparrow） 著

梁震宇 译

中国科学技术出版社

·北 京·

Instant Physics: Key Thinkers, Theories, Discoveries and Concepts Explained on a Single Page by Giles Sparrow/ISBN:978-1-78739-417-9
First Published in 2021 by Welbeck,
an imprint of Welbeck Non-Fiction Limited,
part of the Welbeck Publishing Group

图书在版编目（CIP）数据

一看就懂的物理学 /（英）贾尔斯・斯帕罗著；梁震宇译 . — 北京：中国科学技术出版社，2024.4

书名原文：Instant Physics: Key Thinkers, Theories, Discoveries and Concepts Explained on a Single Page

ISBN 978-7-5046-9908-4

Ⅰ . ①一… Ⅱ . ①贾… ②梁… Ⅲ . ①物理学－普及读物 Ⅳ . ① O4-49

中国国家版本馆 CIP 数据核字（2023）第 030081 号

策划编辑	杜凡如　王雪娇
责任编辑	孙倩倩
封面设计	仙境设计
版式设计	蚂蚁设计
责任校对	焦　宁
责任印制	李晓霖

出　　版	中国科学技术出版社
发　　行	中国科学技术出版社有限公司发行部
地　　址	北京市海淀区中关村南大街 16 号
邮　　编	100081
发行电话	010-62173865
传　　真	010-62173081
网　　址	http://www.cspbooks.com.cn

开　　本	787mm × 1092mm　1/16
字　　数	240 千字
印　　张	11.75
版　　次	2024 年 4 月第 1 版
印　　次	2024 年 4 月第 1 次印刷
印　　刷	大厂回族自治县彩虹印刷有限公司
书　　号	ISBN 978-7-5046-9908-4/O・126
定　　价	79.00 元

引　言

科学发展的历史就是人类自身的发展史。人类总想要进一步发现和了解这个世界，人类祖先通过探索未知、繁衍生息以及简单的技术来实现这一愿景。然而，当人类开始适应定居的生活模式以后，我们很快就开始提出更深层次的问题：为什么世界会以当前的方式运行？

你可曾想过，太阳缘何东升西落？日落后，阿波罗驾着马车去往何方？斗转星移，那璀璨繁星究竟为何物？四季轮回，我们该如何推测天气，顺天而行？我们该如何修筑房舍，遮风挡雨？我们又该如何营造碑迹，祭祀神灵？上古时期，人们试图用超自然的方式来回答上述问题；然而在公元前500年左右的古希腊时期，人们发现了一种新的方法：自然哲学。自然哲学假设严格遵循于无所不在的自然规律。当然，人们最初假设的这些规律并不完全基于现实，还基于神话等进行了大量猜想。

直到中世纪晚期，欧洲的思想家才开始摆脱这些陈旧的思维方式，发展出一种全新的认知方法。在这种方法中，人们通过严谨的观测形成理论和假设，并通过实验来进行检验。博学的意大利科学家伽利略提倡运用数学来理解世界的各个方面，现代科学的雏形由此诞生。

物理学对可测现象（例如力、质量和运动）的关注与数学方法一脉相承。后来，人们又意识到，物理学的范畴并不仅仅局限于行星的轨道、苹果的坠落与平抛运动。

自17世纪以来，接连不断的科学突破表明，物理学对我们理解自然万物都至关重要。除了万有引力，人们又发现了其他三种基本力，它们解释了物质如何在极大和极小的尺度上相互作用。同时，物质结构的秘密已被人们揭开——物质由不同元素的原子构成，这些原子又可被继续分为亚原子粒子。在亚原子层面上，粒子受量子力学的奇妙定律支配。然而，从宇宙学到化学、从生物学到电子学，物质的行为一次又一次地回到物理学的基本关注点上：力、运动、质量和能量。

因此，物理学的世界远比我们在教科书中所学到的要广阔得多。近年来，物理学家将研究重心放在了一些玄妙的物质形式上，这些物质无法被探测，但占据了宇宙质量的极大比重，仿佛一只无形的手推动着宇宙的膨胀。此外，人们还学会了如何在量子尺度上构建和操控亚原子粒子之间神奇的键，基本力之间的关联性也被发现，对科学家而言，这无异于“万物的理论”在向他们遥遥招手，隐约的远方旌旗在望。

  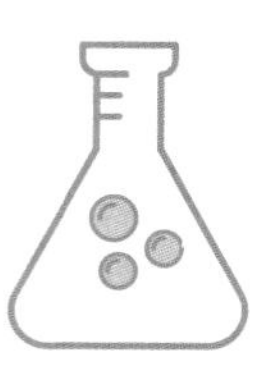 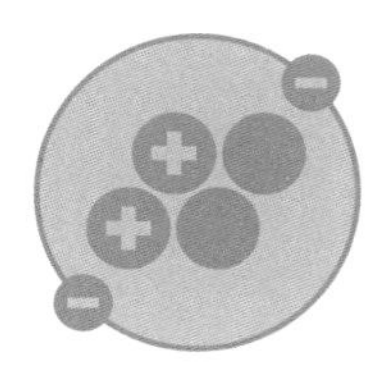

科学，尤其是物理学，其本质是这样一个过程：评估我们对身边世界乃至宇宙运行方式的了解程度、思考发问——寻求可能的解答并验证假设。这个过程既需要触类旁通的技巧，也需要发现显而易见却又极易被忽略的基本问题的能力。纵观历史长河，这是从伽利略所在时期贯穿至今的科学主线，长路漫漫，莫不如此。

话虽如此，对外行人来说，这所有的一切都似乎令人摸不着头脑，此时此刻，本书便有了用武之地。在短短一百多页里，本书涵盖了关于物理学的一切——从物理学的基本公式到最前沿的理论发现，一应俱全。

本书分为十个部分。首先，我们对从古希腊至今的物理史做了一个简洁而全面的回顾，此后的每一章节都介绍了一个物理学的主要领域，并按历史发展的大致顺序排列。随便翻开一页，你都能习得新知。如果你想建立一个系统的思路，那就从经典力学（物理学的一切都建立在这些基本的力和法则之上）和物质两部分开始吧！若你惯于使用数学的思维方式，书中丰富的图表和公式会帮上大忙；但即使你对数学不太熟悉，你也应当能跟得上主要的概念。

物理学是万物之科学，每个人都应该至少掌握一些基础知识——让我们投身其中，开始探索之旅吧!

目　录

001　物理学的发展

017　经典力学

035 物质

057 波

077 热力学

087 电磁学

105 原子与辐射

物理学的发展

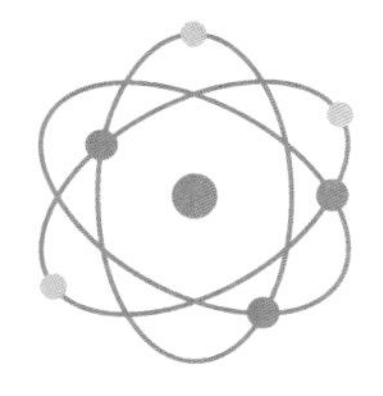
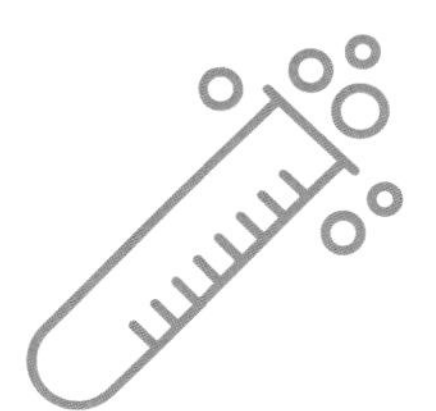
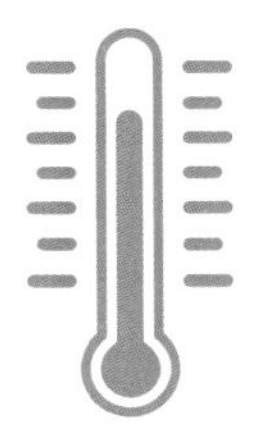

早期的物理学家

“物理”（physics）这个词语，来自希腊语中的“自然”（physis）一词。物理是对自然的研究，尤其是对物质、运动、力和能量等非生命过程的研究。古希腊人最早开始尝试解释这些现象。

泰勒斯（Thalēs）（约前624—约前547）

泰勒斯是第一位科学哲学家，他反对超自然力量支配世界的观点，并试图通过自然物质和力量来解释世界的特性。他是第一个研究静电等现象的学者，并认为宇宙万物皆源于水。

毕达哥拉斯（Pythagoras）（前580至前570之间—约前500）

毕达哥拉斯因勾股定理而闻名，受其学说启发，他的追随者开始探索自然模式的数学阐释，例如音乐的和声。

阿那克西曼德（Anaximander）（前610—前546）

阿那克西曼德是泰勒斯的学生，他认为一切都起源于一个被称为“无限”或“不确定”的概念，在它之中诞生了空间、时间和不同形式的物质。他把物理学规律和物质的多样性归因于对立属性的分离（热与冷、干与湿等）。

赫拉克里特（Heraclitus）（约前540—约前480与前470之前）

赫拉克里特因将现实视为一个持续不断的变化过程而闻名，他的名言“人不可能两次踏进同一条河流”便是这个概念最好的总结。他认为火是万物的本源，并认为所有事物都包含着对立统一性。

恩培多克勒（Empedocles）（前495—约前435）

恩培多克勒借鉴了早期哲学家的思想，提出了一个有影响力的“万有理论”：土、气、水、火这四种元素混合或分离，通过引力和斥力来形成不同形式的物质。

德谟克里特（Democritus）（约前460—约前370）

德谟克里特是原子论创始人之一，他认为所有物质都是由不可分割的微小单元构成的，原子之间是虚空。他认为，不同形式的物质的属性取决于原子的形状，但他关于虚空概念的理论并不为时人所接受。

亚里士多德和元素

在古代伟大的哲学家中，亚里士多德（Aristotle，前384—前322）是一位，也是对宇宙的运作方式解释得比较全面、相对合理的一位。他的观点影响深远，为后世科学的发展奠定了基础。

宇宙学和物理学

亚里士多德将天体完美的周期运动与地球上变幻莫测的自然变化相对照，提出宇宙的基本划分如下：

- 地球上的一切都由四个基本元素组成：土、空气、火和水。
- 地球以外的其他天体（如月球等）都由永存不灭的第五元素“以太”构成。

每种元素在宇宙中都有一个自然方位：土位于宇宙的中心，水在其之上。空气有上升倾向，火更甚。而以太则持续不断地被其他四种元素所排斥。

地球上的元素不仅有成对的属性，相邻的两种元素还共享着同一种属性。改变其中一个属性，就会把一种元素变为另外一种。

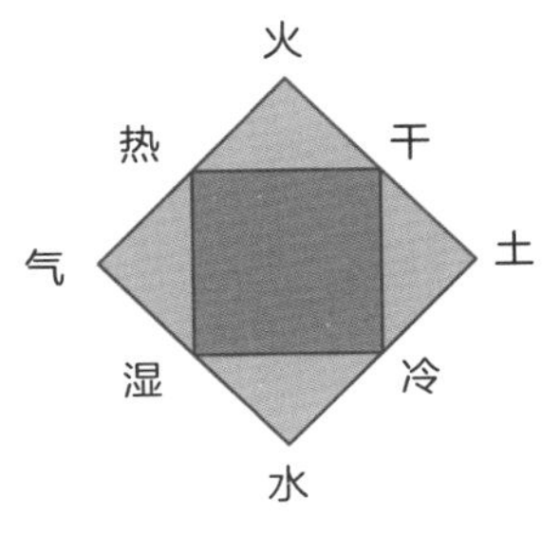

亚里士多德的运动理论

在亚里士多德看来，运动有两种形式：

- 自然运动：一个物体顺应其元素组成，向其应有的位置运动。
- 非自然运动或“暴烈运动”（violent motion）：一个物体朝其“应有位置”相背离的方向运动，这种运动会逐渐被自然运动所抵消。

亚里士多德的理论中没有考虑万有引力——在（以地球为中心的）宇宙中，物体天然向宇宙中心（即地球）接近的趋势解释了所有的自然运动。他认为这种趋势与物体的质量直接相关，因此，较重的物体必然比含有较少“土”的、较轻的物体下落得更快。然而，在非自然运动中，物体需要被持续地施加一个力，而物体“暴烈运动”的速度和这个力的强度成正比。

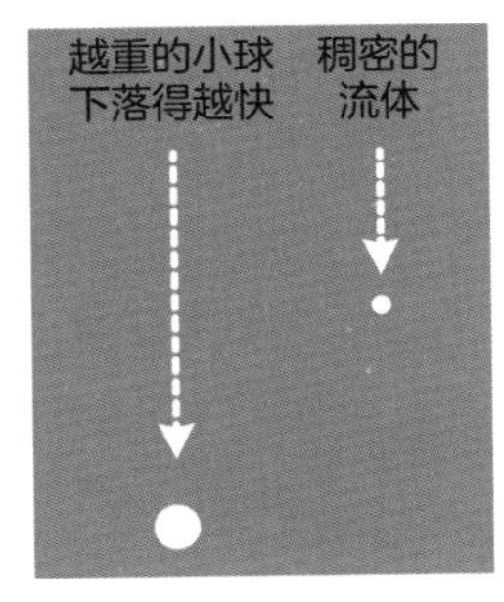

亚里士多德的方法

亚里士多德称，了解宇宙的最好方法之一是根据一系列的实例形成一般模型。这种归纳法听起来很像现代科学，但亚里士多德后来并没有通过实验去检验他的理论。他也不愿意放弃当时公认的哲学思想的许多方面。

阿基米德

阿基米德（Archimedes，前287—前212）不仅是哲学家和数学家，也被认为是古代世界最伟大的工程师之一。他是第一个解释许多现在称之为“简单机械”装置背后原理的人。

阿基米德的机械

阿基米德曾在西西里岛上的希腊殖民地叙拉古（今西西里岛锡拉库萨）生活和工作。在那里，他以数学家和发明家的身份闻名遐迩（尽管许多有关他的发明的记载都是后人杜撰的）。

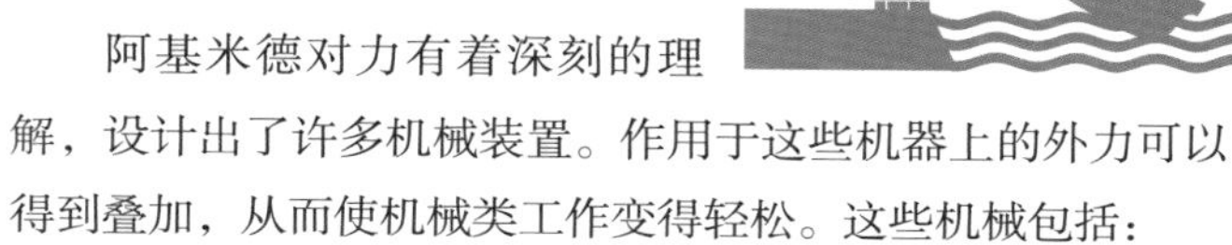

阿基米德对力有着深刻的理解，设计出了许多机械装置。作用于这些机器上的外力可以得到叠加，从而使机械类工作变得轻松。这些机械包括：

- 阿基米德螺旋泵：这个装置利用一个安装在圆柱体内的旋转螺杆，将水从低处传输至高处。
- 阿基米德之爪：这是一种带有杠杆式机臂的起重机，机臂的末端悬挂着一个勾爪。起重机装备的滑轮系统使其只需要很少的人力便能举起很重的物体——这在掀翻战船时尤为管用。

阿基米德原理

当然，阿基米德最为人熟知的是他的浮力定律：一个浸入静止流体中的物体受到一个向上的浮力，其大小等于该物体所排开的流体所受的重力。

阿基米德有一个著名的轶闻：国王要求他测量一顶王冠是否为纯金，经过苦苦思索后，阿基米德在澡盆里洗澡时灵机一动，解决了这个难题。这个故事为人津津乐道，却很可能是个谣传。然而，他确实在著作《论浮体》（*On Floating Bodies*）中设计了一个解决此类问题的方法。在这个方法里，人们需要在天平上平衡两个物体，再将整个天平浸入水中，从而测得每个物体的浮力。

地球与宇宙

古时候，人们就地球与宇宙中天体的关系提出了各种理论，但人们普遍认为地球是万物的中心。

早期宇宙学

菲洛劳斯（Philolaus，约前470—前385）：他认为大地是球形的，有人居住的世界被限制在一侧。可见的天体、地球本身和一个平衡的“反地球”，围绕着一个“中心火团”运行，然而这个“反地球”隐藏在世界的另一端，我们永远无法看见。

欧多克索斯（Eudoxus，约前390—前337）：他提出了“天球”的设定：每个星球都位于一组嵌套的透明球体的最内层，这些球体以不同速率旋转，而这些转动的球体间的相互作用解释了为何有些星球会在天幕移动，而处于最外层的星球相对静止。

阿利斯塔克（Aristarchus，约前310—前230）：他构想了一个以太阳（而不是地球）为中心的宇宙，并成功地证明了太阳比月球大得多，太阳离地球的距离也比月球离地球远得多。但是由于当时缺乏地球在运动的直接证据，他的想法难以获得支持。

托勒密与《天文学大成》

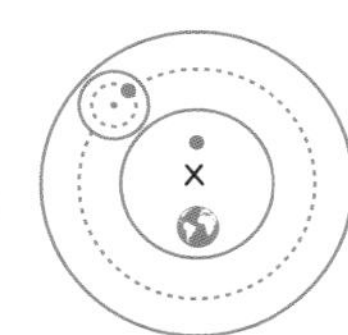

居住在埃及的希腊天文学家托勒密（Ptolemy，约90—168）在其著作《天文学大成》（*The Almagest*）中提出了史上最详细的以地球为中心的宇宙论：

- 他保留了亚里士多德的“水晶球”宇宙体系和天体围绕圆心做匀速圆周运动的设定。
- 在此基础上，他加入了“本轮”的概念。本轮是一个较小的圆形轨道，行星在本轮上运行。同时，本轮又沿着被称为“均轮”的一个较大的圆圈绕地球运行。
- 虽然行星轨道呈圆形，但其中心不一定与地心对齐。

托勒密的理论最初是为了解决天体运行学说和观测结果不一致的问题。该理论影响巨大，并在长达一千余年的时间里被视为不可置疑的权威。

然而，随着时间的流逝，人们证明托勒密的模型无法准确地预测行星运动。后来的天文学家向系统中添加了越来越多的行星轮，试图修复其缺陷。

阿拉伯世界的发展

罗马帝国晚期，自然哲学中的新思想逐渐减少，人们越来越服从于权威。而与此同时，新理论和新方法犹如雨后春笋般不断涌现。

继往开来

830年左右，“智慧宫”（House of Wisdom）在巴格达落成。人们开始开展一项巨大的翻译工程，那就是把从四分五裂的罗马帝国收集而来的文化经典翻译成阿拉伯语。

学者们不仅仅是誊抄手稿，还对其进行批注与改进，有时直接通过实验验证书上的理论。

许多物理学的新思想在此期间诞生：

- 伊本·艾尔-海什木（Ibn al-Haytham，约965—1040）质疑了托勒密的宇宙学，并认为天体和地球上的万物一样，受到同种力量的支配。
- 伊本·巴哲（Ibn Bäjja，约1095—1138）主张，当一个物体向另一个物体施加力时，第一个物体本身会承受反作用力，而这恰恰是牛顿第三定律的早期形式。

光与光学

伊斯兰哲学家们在研究光的性质和透镜及其他光学设备的特性方面，取得了巨大的进展。

许多希腊思想家［包括托勒密和著名医学家盖伦（Galen）］都相信“视觉放射理论”：粒子流形式的光束从眼睛发出，然后通过反射返还给观测者，从而带来视觉感知。

第一个全面的“视觉进入理论”是由伊本·艾尔-海什木提出的。他使用镜片和镜子进行实验，表明光线是以直线传播的，并意识到这在某种程度上产生了眼睛内部的图像，尽管他对细节所知甚少。

同时，伊本·沙尔（Ibn Sahl，约940—1000）确定了光的折射定律，即众所周知的斯涅尔定律（Snell’s Law），并以此确定了放大镜的理想形状。

中世纪的革新

在中世纪的欧洲，许多古典时期的思想得以继承。这些思想与一些学者整理翻译的文字记载汇合，碰撞出不一样的火花，孕育了崭新的思潮。

黑暗时代并不黑

传统观点认为，在中世纪时代的封建制度统治下，人们被强行灌输守旧思维与亚里士多德等古典权威的传统思想，新思潮从摇篮里就被扼杀，尤其是科学领域。然而，实际情况却截然不同，下面列举了几个名垂青史的重大突破：

- 早在公元6世纪，拜占庭学者约翰·费罗普勒斯（John Philoponus，约490—570）就开始质疑亚里士多德的学说。他还主张，物体在进行暴烈运动时不需要受到一个持续不断的外力，而是可以被一个逐渐减弱的“冲力”取而代之。
- 让·布里丹（Jean Buridan，约1295—1362）采纳了费罗普勒斯的理论（该理论此前已由数位阿拉伯哲学家改进过），并使“冲力说”正式成型。他认为冲力是物体的固有属性，这种力不会随着时间的推移而自发地消耗殆尽，而是会被重力和空气阻力等逐渐抵消。
- 布里丹的学生，阿尔伯特（萨克森的）（Albert of Saxony，约1320—1390）①指出，落体的速度与其被释放后所经过的时间的平方或其已经下落的距离成正比。
- 14世纪中叶，牛津大学默顿学院的一群学者将数学和逻辑学应用于“自然哲学”中的各类问题。他们的主要成果之一是平均速率定理。
- 尼克尔·奥里斯姆（Nicole Oresme，约1325—1382）通过绘图证明了默顿法则，这种几何方法影响深远。他还涉足了“日心说”，并抨击了占星术的原理。

默顿法则的几何证明（尼克尔·奥里斯姆）

观念的转变

从亚里士多德时代开始，人们就坚持不懈地寻找第一推动力——宇宙中所有运动的力量之源——而这实则阻碍了力学的发展。在中世纪晚期，运动学这个新的研究领域逐渐崛起。其更注重描述运动本身而不关注其原因，这样的方法使其取得了重大的进展。然而，运动学终究还是扎根于逻辑学和数学，通过实验来验证假设的方法尚未成型。

① 14世纪德国逻辑学家。历史上又称小阿尔伯特，以区别于13世纪德国哲学家大阿尔伯特。——编者注

哥白尼革命

1543年，波兰天文学家哥白尼（Copernicus，1473—1543）出版了一本书，提出太阳才是宇宙的中心，而不是地球。由他发起的这场革命是现代科学道路上的里程碑。

地球绕着太阳转?

哥白尼的日心说理论基于他对行星运行的观测结果：

- 水星和金星只会于早晨和傍晚时在太阳附近出现。
- 火星在天球上自西向东运动，但是有时会出现长达数月的大逆行。

- 木星和土星在天空中移动的速度更慢，逆行环更小。

随着测量精度的提高，哲学家们努力修改以地球为中心的宇宙模型以符合现实中的观测成果。

哥白尼在其著作《天体运行论》（*On the Revolutions of the Heavenly Spheres*）中认为，以太阳为中心的模型亦能解释这些运动。例如，火星的逆行运动可能是地球“追上”它时我们改变视角的结果。

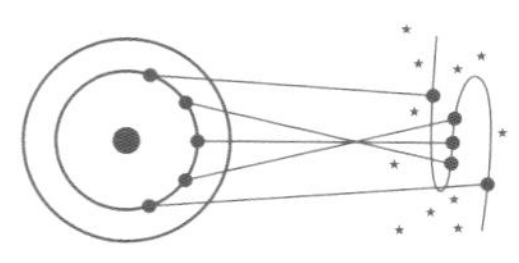

然而，哥白尼假设行星运动的轨道是完美均匀的圆形，因此他未能成功构建出自己的日心模型，也未能改进学界对行星运动的解释。

几十年后，伽利略（Galileo，1564—1642）通过望远镜进行观测，找到了支持日心说的确凿证据。同一时期，开普勒（Kepler，1571—1630）提出了一个与观测结果吻合的数学模型。

认清我们的位置

哥白尼革命仅仅是一个开端。继哥白尼之后，一系列的革命相继颠覆了人类和地球在宇宙中占有特殊地位的传统观念：

1838年 弗里德里希·贝塞尔（Friedrich Bessel，1784—1846）测量了地球距另一颗恒星的距离，揭示了星际空间和银河系的真实尺度。

1859年 达尔文（Darwin，1809—1882）与华莱士（Wallace，1823—1913）的进化论说明了人类是通过自然进化而来，而不是神明的造物。

1925年 埃德温·哈勃（Edwin Hubble，1889—1953）证明了银河系只是千千万万个星系之中的一个。

20世纪90年代 人们发现了首批围绕着其他恒星转动的系外行星，这推翻了地球在宇宙中独一无二的观念。

20世纪以后 越来越多的证据表明，我们身处的宇宙只是多重宇宙中的一个，而多重宇宙的数量有可能是无限的。

伽利略实验

意大利科学家伽利略因其利用望远镜观测到的天文成果而闻名。不仅如此，在建立一个公认的现代物理学方法的过程中，他也起到了关键作用。

数学与测量

伽利略在担任数学教授时，率先提出了将实验与数学建模相结合的自然哲学研究方法。他将这种方法应用在了多种物理现象上，包括：

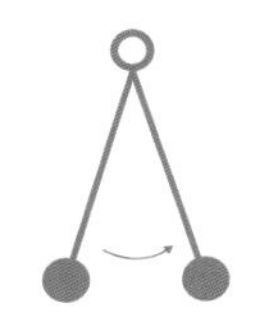

· 发现了钟摆长度与摆动周期之间的数学关系。

· 证明了自由落体的加速度与质量无关，推翻了亚里士多德的理论。

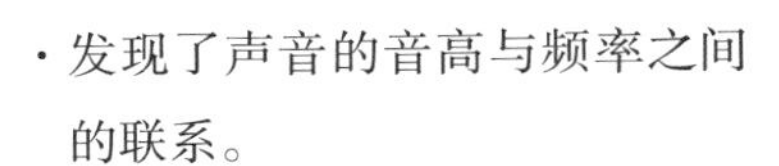

· 发现了声音的音高与频率之间的联系。

· 发明了温度仪（温度计的前身）。

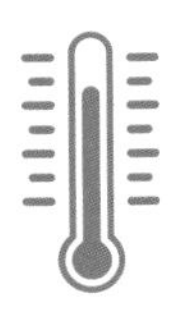

· 提出了相对性原理：物理定律在一切做匀速直线运动的参考系中具有相同的形式，不论该系统与其他参考系相比，速度与运动形式有何不同。

对宇宙的研究

1609年，伽利略在听到一则有关来自荷兰的新发明的报道后，建造了首架望远镜。通过实验，他很快改良了自己的原始设计。伽利略对宇宙的观测取得了一些重要的发现，推翻了亚里士多德和托勒密的宇宙观。这些发现包括：

· 木星的四颗卫星。
· 金星与月球相似的相位。
· 月球表面的环形山和山脉。
· 太阳上不断变化的斑点（现称太阳黑子）。

伽利略的发现使他成为哥白尼日心说的忠实拥趸。

开普勒定律

通过结合观察和假设，德国天文学家、物理学家、数学家开普勒发现了一系列行星轨道的定律，这些定律最终成为破解各种形式的运动之谜的钥匙。

开普勒与第谷

开普勒的发现是建立在丹麦天文学家第谷·布拉赫（Tycho Brahe，1546—1601）的精确观测之上的。在望远镜出现之前，第谷使用一种被称为墙式象限仪的大型仪器来精确测量行星的位置：

- 象限仪被安装在南北向的墙上，因此可以观测到天体在天球的最高点。
- 照准仪被固定在最南端，可在90度的幅度内摆动。
- 准星可以精确对准与照准仪位于同一条直线上的恒星，从而测得它们在天球上的高度。
- 象限仪还可以测量天体穿过子午线的精确时刻：当一个天体通过正南方时，其相对于其他天体的赤经可被精确测出。

开普勒从1600年开始担任第谷的助手。第谷去世后，开普勒不仅继承了他作为鲁道夫二世（Rudolf Ⅱ）的御前天文学家的职位，还获得了大量精确的观测资料，其中最重要的是有关火星运行的资料。

椭圆轨道

在1609年出版的《新天文学》（*Astronomia Nova*）中，开普勒描述了行星轨道的形状。他摒弃了人们长期以来对圆形轨道的执念，转而使用了椭圆（沿同一轴拉伸的圆形）轨道模型。开普勒的行星运动三定律指出：

- 所有行星的轨道都呈椭圆形，太阳处在椭圆两个焦点的其中一个点上。
- 在相同时间内，太阳和运动着的行星的连线（假想的）所扫过的面积相等（因此，行星靠近太阳时运动得快，远离太阳时运动得慢）。
- 各个行星绕太阳公转周期的平方与它们轨道的半长轴（椭圆长轴的一半）的立方成正比。

开普勒定律准确地描述了行星运动，并为预测行星未来的运动提供了工具。然而，直到17世纪80年代，牛顿才解释了这些特定关系为何成立。

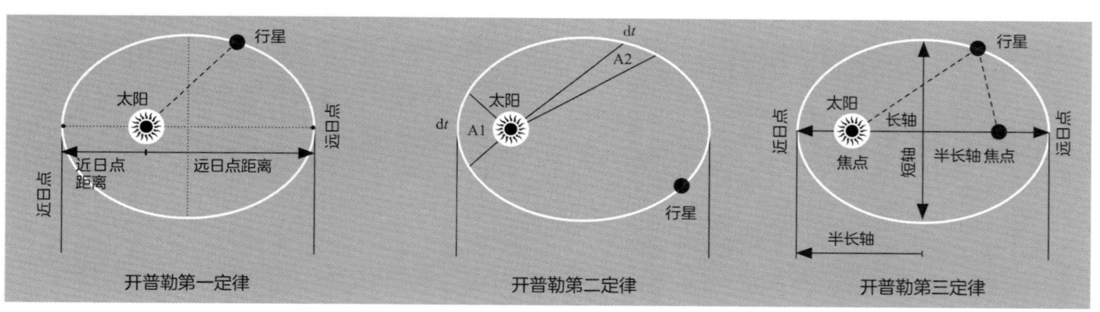

牛顿

艾萨克·牛顿（Isaac Newton，1643—1727）根据开普勒定律和自己的观察，确立了极为重要的运动定律并发现了万有引力定律。

天地间的运动

早在17世纪60年代，牛顿便取得了理论上的巨大突破：他意识到，把一个掉落的苹果拉向地面的力和把行星固定在轨道上的力是相同的。

- 引力将物体直接吸引至大质量物体的中心点。
- 引力与吸引方物体的质量成正比。

17世纪70年代，他发展了微积分数学——一种通过分析极其微小的变化来理解过程的方法。

17世纪80年代，在埃德蒙·哈雷[①]（Edmond Halley，1656—1742）的鼓励下，牛顿将他的方法应用于开普勒的行星运动定律。研究结果揭示了行星沿椭圆轨道的运动如何受到太阳引力的影响，这种引力和行星与太阳距离的平方成反比。

在其于1687年出版的著作《自然哲学的数学原理》（*Philosophiae Naturalis Principia Mathematica*）中，牛顿概述了从日常生活到宇宙的整个力学系统，包括他著名的三个运动定律（其中一些定律在中世纪后期便已建立）以及万有引力定律。万有引力定律将物体的质量与两个物体之间的距离联系起来，归纳进同一个公式里，还解释了为何所有做自由落体运动的物体的重力加速度都是相同的。

牛顿的光学发现

牛顿的另一项重大科研成果是对光的研究。牛顿在1704年发表的著作《光学》（*Opticks*）中，总结了以下规律：

- 阳光虽然从肉眼看是白色，但实际上是由多种颜色的光组合而成的，可以通过棱镜分解和重组。
- 他设计了第一台反射式望远镜，这种望远镜基于镜面反射的原理，是当今大型天文望远镜的前身。
- 牛顿认为，光是由微粒组成的——这是一种比组成物质的原子更加“微妙”的微小粒子。然而，在19世纪初期，这一学说被波动论推翻了。

① 埃德蒙·哈雷，哈雷彗星的发现者。——编者注

牛顿的遗产

牛顿在力学和光学领域的巨大贡献，给后人留下了宝贵遗产。在18世纪的大部分时间里，物理学家主要专注于牛顿基本定律的实际应用。

牛顿定律的应用

牛顿定律描述了在空间自由移动的质点和物体。这种理想化的情况，可以适用于简单的行星运动等问题，却很难应用于日常生活中的运动形式。后人对牛顿力学在实际应用中的主要突破包括：

1732年 丹尼尔·伯努利（Daniel Bernoulli，1700—1782）将牛顿定律应用于振动弦的每一小段，确定了一种被称为“简谐运动”的周期性运动形式。

1736年 莱昂哈德·欧拉（Leonhard Euler，1707—1783）将船只和其他刚体的一般随机运动分为旋转和平移两个分量。

1740年 夏特莱侯爵夫人（Émilie du Châtelet，1706—1749）建立了“活力方程”（类似于现在所说的动能），并认为系统中的能量可以在不同形式之间转换，且总能量守恒。

1798年 约瑟夫·拉格朗日（Joseph Louis Lagrange，1736—1813）提出了他的分析力学。这是一组数学工具，可以对受一维乃至多维约束的系统行为进行建模。

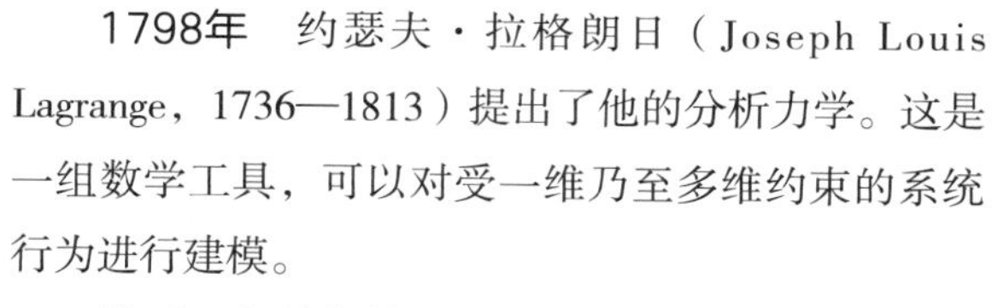

然而，各种各样的挑战仍摆在人们面前。尤其值得一提的是，涉及两个以上物体的系统长远看来依然具有不可预测性，以及水星轨道的变化仍令人百思不得其解（这一点后来在广义相对论中得到了解决）。

最小作用量原理

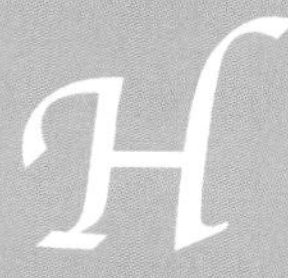

从1827年开始，英国数学家威廉·哈密顿（William Rowan Hamilton，1805—1865）开始研究力学相互作用的基本原理，即物体倾向于沿着所需能量最少的路径运动。

1833年，哈密顿制定了一种全新的研究力学的方法。他使用广义坐标下的方程组，描述了一个系统的总能量（表示为H，现称“哈密顿算符”）以及动能与势能的平衡随时间而变化的过程。

电磁时代

19世纪，人们在对电与磁的理解上取得了巨大突破。最终人们意识到，电、磁以及光本身，其实都是同一种现象的不同方面。

电力的突破

尽管自古以来人类就知道电的存在，但人们真正开始对其本质进行研究，是在亚历山德罗·伏打（Alessandro Volta，1745—1827）于1800年发明伏打电堆（第一个能够产生恒定电流的电池）以后。

1820年 汉斯·克里斯提安·奥斯特（Hans Christian Ørsted，1777—1851）发现变化的电流会使磁针偏转，这是电磁同源的第一个证据。

1820年 安德烈–马利·安培（André-Marie Ampère，1775—1836）发现了两条平行载流导线之间产生的力。

1821年 迈克尔·法拉第（Michael Faraday，1791—1867）发明了电动机，其动力来源为电流和磁铁之间的相互作用力。

1827年 格奥尔格·欧姆（Georg Ohm，1789—1854）提出了欧姆定律。

1831年 法拉第发现了电磁感应现象，并提出电磁感应定律。根据这一定律，他制造出第一台发电机。

1845年 法拉第发现偏振光波通过磁场时方向发生了旋转（法拉第效应）。

电磁波

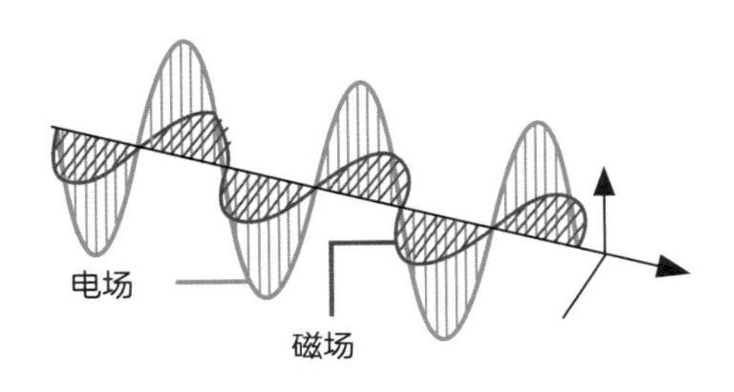

1861年至1862年，英国物理学家、数学家詹姆斯·克拉克·麦克斯韦（James Clerk Maxwell，1831—1879）试图利用旋转涡流管和固定的粒子建模，为电磁效应建立一个合理的理论基础。他发现，电磁场的变化以大约31.1万千米/秒的速度传播——这竟然与光速的估计值非常接近。

法拉第已经找到了光受电磁场影响的证据，而麦克斯韦能够解释法拉第旋转是如何发生的。1864年，他发表了《电磁场的动力学理论》（*A Dynamical Theory of the Electromagnetic Field*），在论文里，他将光描述为一种移动的电磁波，彼此正交干涉。

1886年，亨利希·赫兹（Heinrich Hertz，1857—1894）通过发现无线电波证明了麦克斯韦的理论。无线电波和光一样，都是电磁波，但其波长比可见光长得多。

爱因斯坦

尽管阿尔伯特·爱因斯坦（Albert Einstein，1879—1955）因相对论名垂青史，但他在其他领域的伟大发现与预言同样不可忽视。这些成果为20世纪及以后的物理学奠定了基础。

爱因斯坦奇迹年

1905年，爱因斯坦发表了四篇开创性的论文，解决了19世纪后期物理学遗留下来的一系列重大难题：

- 原子的直接证据：爱因斯坦说明了如何用肉眼不可见的原子与分子的相互作用来解释布朗运动（流体中微小颗粒能被观测出的无规则运动）。
- 光的粒子性：爱因斯坦解释了光电效应，为什么某些金属在短波长的光照射下会产生电流，而在长波下无法产生，原因为光是以“小包”或量子形式传递的。他提出，光同时具有波和粒子的双重性质，这后来成为量子物理学的核心内容。
- 光速恒定：诸多实验一直未能探测出光源与观察者的相对运动导致的光速的变化，因此爱因斯坦假设，光速确实是固定不变的。他的狭义相对论表明，尽管牛顿模型在大多数情况下是正确的，但是当两个非加速参考系以很高的相对速度运动时，神奇的效应会随之产生。

- 质能守恒：在狭义相对论的基础上，爱因斯坦考虑了一种极限情况：如果一个物体以接近光速的速度运动，它的能量是多少？最后他得出结论，质量和能量是等价的，它们其实是物体同一力学性质的两个不同方面。爱因斯坦把这种关系归纳进他提出的质能方程中。

广义相对论

1915年，爱因斯坦在广义相对论中建立了加速度和引力之间的基本关系。广义相对论表明，强引力场可以产生与狭义相对论类似的效应，而所有这些效应都可以被视为时空弯曲的体现。

在职业生涯的后期，爱因斯坦致力于探索狭义与广义相对论的内涵，并试图将相对论与截然不同的量子物理方程式统一起来。

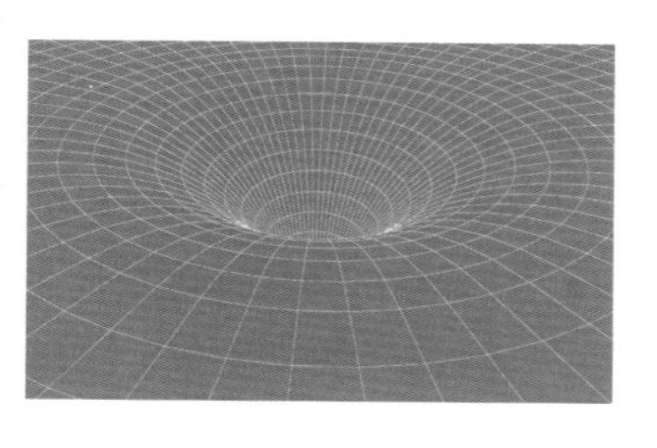

20世纪的进展

20世纪，物理学在两个极端尺度的领域都取得了巨大进步：微观尺度上，人们发现了原子结构和亚原子量级的不确定性；宏观尺度上，人们对宇宙的真正本质有了更深刻的理解。

原子的内部

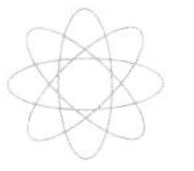

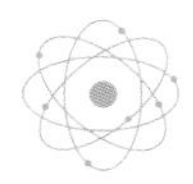

从1897年开始，物理学家发现了一系列亚原子粒子，它们为物质的深层结构、令人眼花缭乱的诸多元素种类以及被称为放射性的奇妙现象提供了解释。

20世纪20年代，对亚原子粒子的研究表明，在极小的尺度上，人们不能绝对精确地知晓粒子的性质，在这种情况下波函数更为适用。一个全新的科学领域——量子力学从此诞生。

原子核的发现揭示，除了电磁力和引力，还有两种新的基本力：强相互作用力和弱相互作用力（简称强核力和弱核力）。

自20世纪50年代以来，越来越强大的粒子加速器揭示了大量新的亚原子粒子，补充了粒子和力相互作用的所谓标准模型。然而，许多问题尚未得到解决。

宇宙学革命

爱因斯坦于1915年提出的广义相对论重塑了我们对空间和时间的认知，但人们对宇宙整体理解的提高来自此后的天文观测。

- **1925年** 埃德温·哈勃发现了银河系以外星系的确凿证据，将宇宙的规模扩大到数十亿光年。
- **1929年** 埃德温·哈勃发现的证据表明，遥远的星系正在高速后退，宇宙整体正在膨胀。
- **1931年** 乔治·勒梅特（Georges Lemaître，1894—1966）提出，宇宙的膨胀可以追溯到很久很久以前，诞生初期的宇宙是温度极高、密度极大的。
- **1964年** 天文学家从当时的宇宙中发现了宇宙大爆炸留下的“余晖”。
- **1999年** 天文学家发现的证据表明，受一种叫作“暗能量”的神秘力量影响，宇宙膨胀正在加速而不是放缓。
- **2001年** 人们使用哈勃太空望远镜对宇宙膨胀进行测量，确定大爆炸是在137亿年前发生的。

经典力学

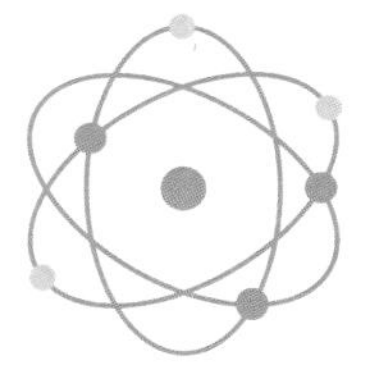
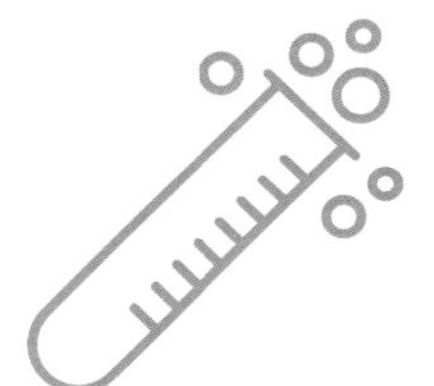
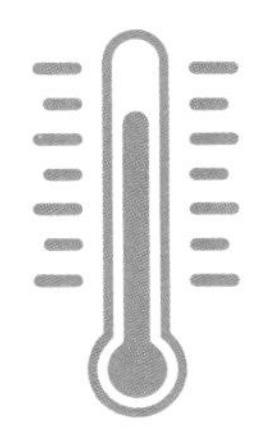

速率、速度和运动

在物理学中，“速率”和“速度”两个术语听上去非常接近，含义却极为不同。理解它们之间的区别以及二者数值的变化方式，是描述运动物体行为的关键。

速率还是速度?

· 速率仅仅测量一个运动物体在一段时间内的位置变化，单位是米/秒等。至于朝哪个方向运动，并不重要。

· 速度是物体沿着特定方向运动的速率（然而我们可以根据实际情况来决定这个方向，以便于计算）。

速率是一个标量，有大小（或数值），但没有方向。

速度是一个矢量，有大小和方向。

对大多数力学计算而言，“速度”要有用得多，因为影响物体运动的力很可能沿特定方向作用。

加速度

有些令人困惑的是，根据具体情况和所描述的力学系统，“加速度”这个术语可同时用于描述速率或速度的变化率。

加速度反映了给定单位时间内速率或速度的变化程度，因此单位为米/秒^2。

减速运动中的加速度为负，它放慢了物体的速率（或速度）而不是增加。无论是加速或减速，物理学家都使用术语“加速度”。

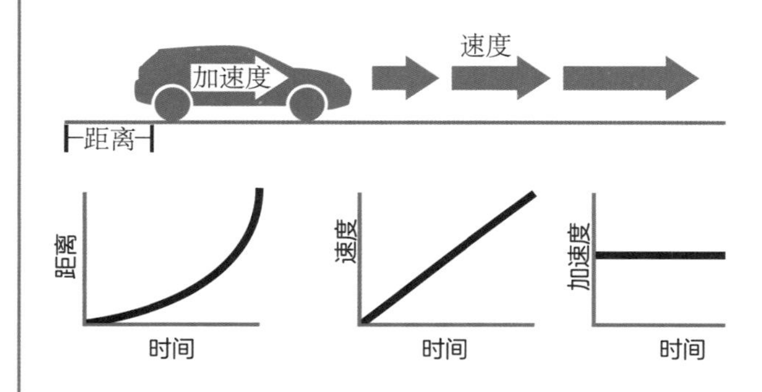

质量和重量

尽管在日常生活中，我们常混用“质量”和“重量”二词，然而二者在物理学中有非常不同的定义：质量是物体本身的固有属性，而重量则来自其外在环境。

区别在哪里？

如果你不是物理学家，区分质量和重量的行为似乎显得既令人摸不着头脑又让人觉得吹毛求疵。我们习惯上用来描述“重量”的单位（如千克），实际上是对“质量”的量度，而重量本身是用一种完全不同的单位（即牛顿、简称“牛”）来测量的。

质量是对物体包含的物质量的直接测量，因此可以反映其改变当前运动状态的难度（有时称为惯性），以及其由于自身质量而产生的引力的强度（重力）。

重量的正确表述为：对一个给定的质量在环境中所受重力的测量值。

在地球表面，一个物体的重量是导致它向地球中心“坠落”的力。这种“坠落”可能会因障碍物或者向上、向外的反作用力的存在而中止，但向下的力或重量本身仍然存在。

惯性问题

在引力场以外或当引力被其他力抵消时，物体没有重量，但其质量保持不变。

例如，在失重条件下，保龄球和气球都会飘浮在半空中，但保龄球的质量和惯性更大，这意味着要花费更多的力气去移动它。

力与动量

力也许是物理学中最重要的概念，不同尺度、不同场合的物理学问题都少不了它。

力学入门

简单来说，力是一种改变物体运动状态的效应。根据牛顿第二运动定律，外力越大，运动状态的改变越大。

力可以通过物体的直接相互作用来施加（如碰撞），或通过可以影响其场域内所有物体的力场来施加。我们最熟悉的力场是重力场，它能影响所有有质量的物体。

科学家从系统的角度来分析力和运动。一个系统是一小块空间，包括处在该空间中的所有物体以及作用于其中的所有外部力场。

力的单位是牛顿（简称牛，用N表示），1牛等于使1千克的物体产生1米/秒^{2}的加速度所需的力。

什么是动量?

动量是一种物体在力的作用下产生的物理属性。大致说来，它反映了将物体的运动停止在其轨迹上的难度。动量通常以字母p表示，由物体的质量（m）和速度（v）相乘得出：

$$动量=质量×速度$$

$$p=mv$$

动量的单位是“千克·米/秒”［kg·(m/s)］。需要注意的是，它的值取决于速度，而不是速率。因此，当一个系统中的两个物体朝相反方向运动时，它们的动量符号相反。

这一点非常重要，因为系统中的总动量是守恒的：只要没有外力存在，各个物体的动量之和在物体相互作用前后保持不变。

我们熟悉的台球便是一个关于动量守恒的简单例子。开球时，满载着动量的始发球撞击到目标球，此时白球通常会停下来，并把其动量的一部分转移到它碰撞的其他球上。

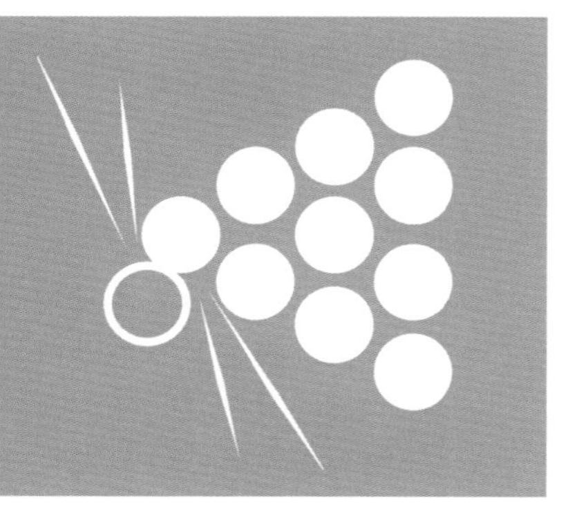

摩擦力

你可能会奇怪，为何生活中的物体行为并不总是符合基础物理学的简单法则？摩擦便是一个原因。摩擦力作用于天地万物，在它的影响下，运动物体的动量会渐渐被消耗掉。

什么是摩擦力？

摩擦力是物体与环境相互作用而产生的力。它往往会减缓运动物体的速度，并使静止的物体更加难以移动。摩擦力有三种主要形式：

- 流体摩擦：流体摩擦是由气体或液体中的分子碰撞而产生的。在运动中的物体受到阻力时，流体和运动物体里的单个分子或原子会被加热并获得能量。
- 内摩擦：内摩擦是固体内部分子之间的力，阻止物体变形。
- 干摩擦：两个固体表面的弱化学键以及粗糙接触面凹凸不平部分的啮合，对物体的运动产生阻力。干摩擦在不同情况下有不同的表现形式，取决于接触面是相对运动还是相对静止。前者为动摩擦，后者为静摩擦。

摩擦因数

就干摩擦而言，摩擦因数（μ）是两个表面间的摩擦力和作用在其中一个表面上的垂直力之比值。静摩擦因数（μ_s）通常高于动摩擦因数（μ_k），因为使静止物体开始运动需要克服的摩擦力要大于保持物体运动所要克服的摩擦力。

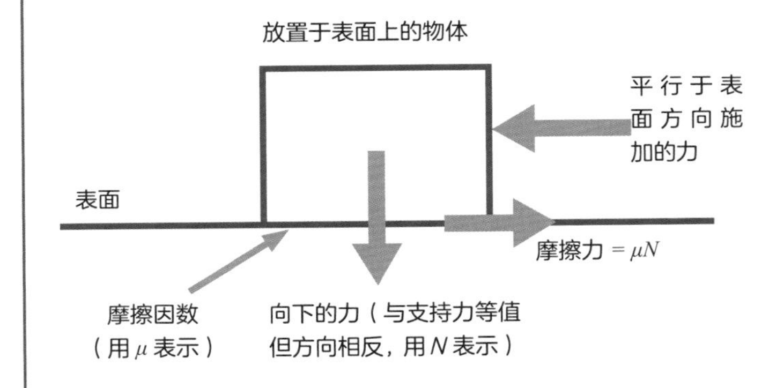

牛顿运动定律

牛顿著名的三大运动定律描述了理想情况下物体的行为，是理解力、运动和动量之间联系的关键。

三大运动定律

牛顿第一定律：在没有受到外力作用的情况下，物体将保持匀速直线运动或保持静止。

牛顿第二定律：当一个物体受到外力作用时，它的动量会以与力成正比的速度变化，而且方向相同。

牛顿第三定律（作用力和反作用力定律）：所有作用力都有一个大小相等且方向相反的反作用力。换句话说，一个物体向另一个物体施加的力，会被后者对前者等值的反作用力所平衡。

力、质量和加速度

为了对力的作用进行建模，牛顿发明了一种叫作微积分的数学方法，这种方法可以用来处理变化率和变化系统中特定时刻的各种属性值。

由戈特弗里德·莱布尼茨（Gottfried Leibniz，1646—1716）独立创设的现代微积分符号系统（微分用d表示）中，牛顿第二定律可以表示为：

$$F = \mathrm{d}p/\mathrm{d}t$$

换言之，力（F）等于动量（p）随时间（t）改变的变化率。

因为动量（p）= 质量（m）× 速度（v），代入原方程：

$$F = \mathrm{d}(mv)/\mathrm{d}t$$

因为物体的质量不变，等式可改写为：

$$F = m\mathrm{d}v/\mathrm{d}t$$

上式中，$\mathrm{d}v/\mathrm{d}t$为加速度。最终我们可以得出：

$$F = ma$$

即，力=质量×加速度，反之，加速度=$\frac{力}{质量}$。

SUVAT公式

以下的简单公式，让我们能够深入地研究机械运动的不同方面。

位移用s表示；
初速度用u表示；
末速度用v表示；
加速度用a表示；
时间用t表示。

$$v = u + at$$

末速度= 初速度 +（加速度 × 时间）

$$s = ut + \frac{1}{2}at^2$$

位移=（初速度 × 时间）+ $\left(\frac{1}{2}\text{加速度}\times\text{时间}^2\right)$

$$s = \frac{1}{2}(u + v)t$$

位移 = 平均速度 × 时间

$$v^2 = u^2 + 2as$$

末速度的平方= 初速度^2+（2 × 加速度 × 位移）

$$s = vt - \frac{1}{2}at^2$$

位移=（末速度 × 时间）− $\left(\frac{1}{2}\text{加速度}\times\text{时间}^2\right)$

通过图像法理解

把运动转绘到图形上是一种帮助我们理解各种因素直观有效的方法：

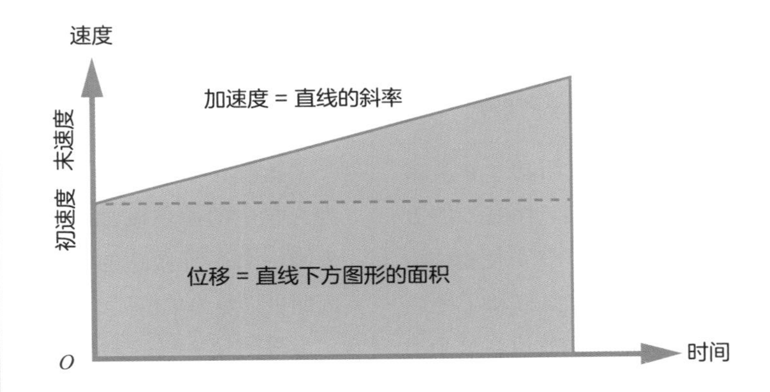

定向运动

分析运动物体的受力情况时，需要考虑其特定方向上的运动和分力。我们可以用基本三角函数来计算。

物体与特定方向呈角度θ，速度为v，则v在该方向上的分量为$v\cos\theta$，在其垂直方向上的分量为$v\sin\theta$。

我们可以使用相同的原理来计算物体的任意属性（例如力和加速度）在某一方向上的分量。

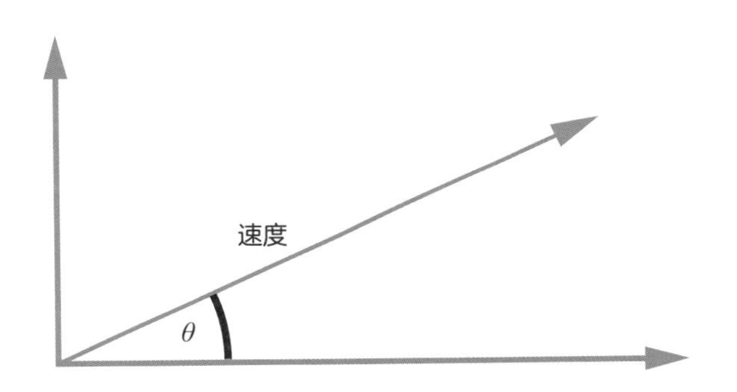

功、能量和功率

功、能量和功率这三个相关的概念起源于基本力学，演变到今天其使用范围已经拓展到了其他领域。

功 = 力所做的运动

物理学家用功（W）来衡量一个力被“耗完”的方式。当一个力（F）使物体沿着某一特定方向移动了距离（s）时，我们就说，这个力对物体做了功：

$$W=Fs$$

其中F为力（单位，牛），s为移动距离（单位，米）。

功的单位是牛·米，然而我们更常用的单位是以维多利亚时期科学家詹姆斯·焦耳（James Joule，1818—1889）的名字命名的“焦耳”（joule），简称“焦”（J）。

例如，假设以5牛的力推动一个物体移动3米，那么这个力做了15焦的功。

能量 = 做功的能力

能量有多种形式，但作为力学中的简单概念时，它表示一个系统做功的能力，因此也以焦为单位。

与动量一样，封闭系统中的总能量始终守恒。能量可以从一种形式转移到另一种形式，但无法被创造，也无法被消灭。

如果一个系统包含有15焦的可用能量，那么理论上它应该能做15焦的功。然而，并非系统中的所有能量都是可用的。物理学中有个领域叫作热力学，致力于研究能量的形式和转移。

功率 = 做功的快慢程度

功率的单位为瓦特（简称瓦，用W表示）。公式为：

$$p=W/t$$

其中W为功（单位，焦耳），t为做功的时间（单位，秒）。

机械效益

在功率有限的情况下，各种被称为“简单机械”的装置使人们能够更加轻松地完成机械任务。

机械效益的定义

大多数简单机械为减少移动特定物体所需要的力提供了某种方式。我们已经知道，

$$功=力\times移动距离$$

这意味着，如果以5牛的力使一个物体移动3米，那么这个力做了15焦的功。

然而，在做功相等的情况下，我们也可以用2.5牛的力使这个物体移动6米。移动的距离翻倍，所需的外力却减半了。

对于一个特定的物体，机械效益（用MA表示）等于输出的力（F_{out}）与输入的力（F_{in}）之比：

$$机械效益=\frac{输出的力}{输入的力}$$

六种简单机械

早在古希腊时期，工程师便已发明出可以提供机械效益的六种简单机械：

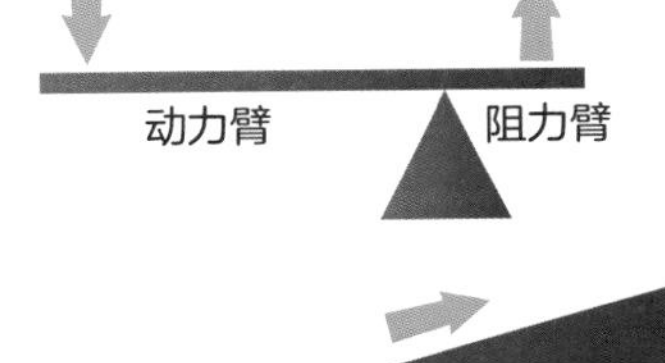

· 杠杆：$机械效益=\frac{动力臂}{阻力臂}$

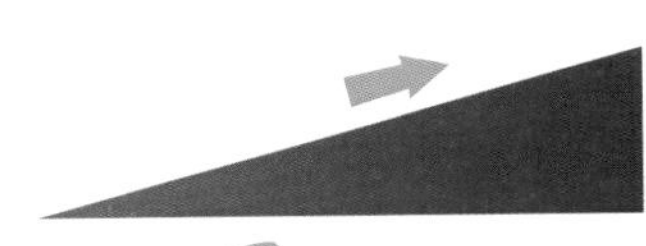

· 斜面：$机械效益=\frac{斜面长度}{提升高度}$

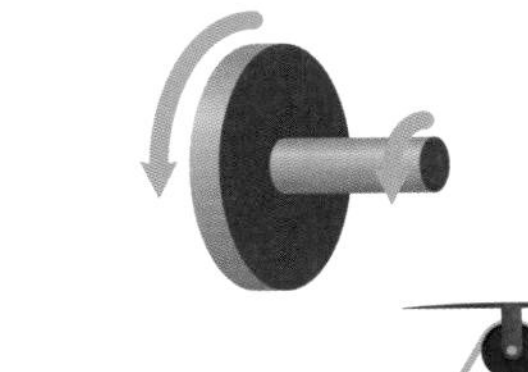

· 轮轴：$机械效益=\frac{轮半径}{轴半径}$

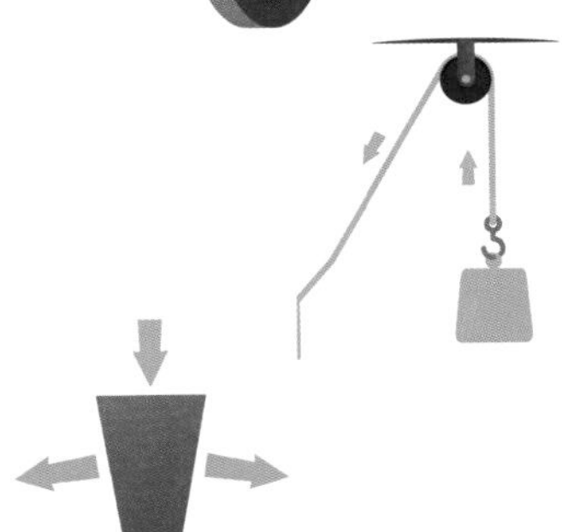

· 滑轮：机械效益=支持移动重物的绳子数量

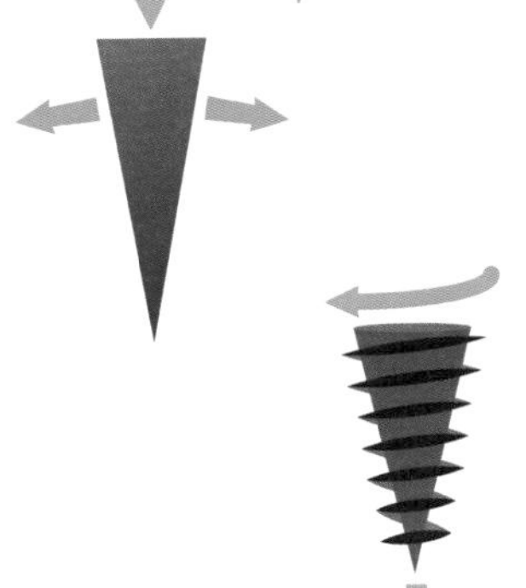

· 楔子：$机械效益=\frac{长}{宽}$

· 螺旋：机械效益$=2\pi r/l$（其中，l为导程，即螺杆在一个完整的旋转过程中所移动的轴向距离）

势能与动能

简单机械系统中重要的两种能量形式是势能和动能。日常生活中，许多我们熟悉的机器的运作模式都依托这两种形式的能量转移。

势能

力学里涉及的势能主要指重力势能，指物体在地球重力场中由其空间位置所决定的能量。在实际情况中，空间位置表示物体与任意基准面的相对位置，例如地面、桌面或是过山车轨道的最低点。物体能够下降的高度越大，所蕴含的势能越大：

$$E_p = mgh$$

其中，E_p 为势能，单位为焦；m 为物体的质量，单位为克；g 为重力加速度（g=9.80665 米 / 秒 ^{2}）；h 为物体相对于基准面的高度，单位为米。

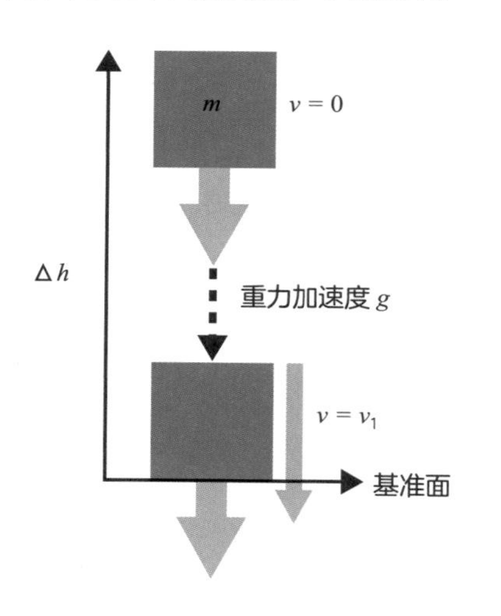

动能

动能是一个物体因运动而具有的能量。虽然与动量有关，但它由一个更为复杂的方程式描述：

$$E_k = \frac{1}{2}mv^2$$

其中，E_k 为动能，单位为焦；v 为物体质心的速度，单位为米/秒。

过山车的动势能

过山车是动势能相互转换的经典例子。

在轨道最高点处过山车势能最大，但此时它几乎是静止的。在下降过程中，随着列车的加速，势能迅速转化为动能。在轨道底端时过山车的动能最大，列车凭着动能爬上轨道的另一端，并在减速过程中重新获得势能。

碰撞的类型

虽然碰撞后的物体总动量守恒，但它们的动能未必守恒。这有助于我们识别两种不同类型的碰撞。

弹性碰撞

在弹性碰撞中，系统中的物体碰撞前后整个系统动能守恒。换言之，系统中所有物体的动能之和在其相互作用前后保持不变。

如果质量为m_1和m_2，初速度为u_1和u_2的物体发生弹性碰撞，v_1和v_2为末速度，则：

$$\frac{1}{2}m_1{u_1}^2+\frac{1}{2}m_2{u_2}^2=\frac{1}{2}m_1{v_1}^2+\frac{1}{2}m_2{v_2}^2$$

$$\text{且} m_1u_1+m_2u_2=m_1v_1+m_2v_2$$

即使在气体分子的微观尺度上，能量传递也在时时刻刻地发生着。只有原子之间的碰撞才是真正的弹性碰撞。

然而，有许多系统依然可以被视为弹性系统：要么是因为损耗和收益在统计学上相互抵消了，要么是因为在特定规模上能量损耗可以忽略不计（例如台球的碰撞）。

非弹性碰撞

非弹性碰撞的现象远比弹性碰撞更普遍。在非弹性碰撞中，动能损失为其他形式的能量，尤其是内能和势能。

非弹性碰撞后，物体的速度可以通过以下两个公式求出：

$$v_1=C_R\frac{m_2\left(u_2-u_1\right)+m_1u_1+m_2u_2}{m_1+m_2}$$

和

$$v_2=C_R\frac{m_1\left(u_1-u_2\right)+m_1u_1+m_2u_2}{m_1+m_2}$$

其中，C_R为系统的恢复系数，它是对碰撞后反弹程度的衡量，在0到1之间取值（0为完全非弹性碰撞，1为弹性碰撞）。

在完全非弹性碰撞中，所有的动能都被耗竭（通常是指碰撞以后两个物体黏在一起的情况）。

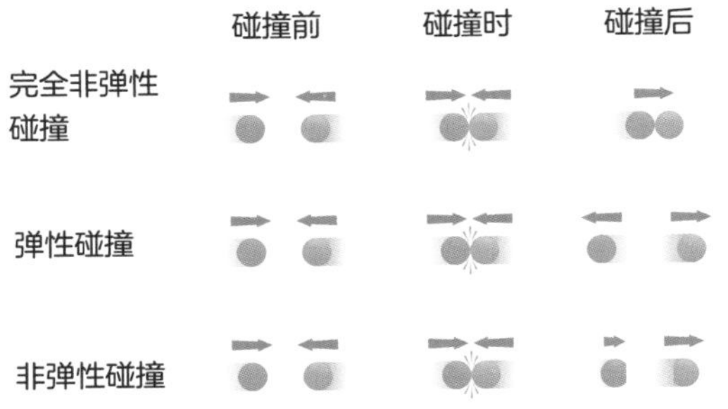

	碰撞前	碰撞时	碰撞后
完全非弹性碰撞			
弹性碰撞			
非弹性碰撞			

引力与轨道

引力是我们熟悉的力，也是常被我们忽视的力。所有具有质量的物体都会产生引力，将其他物体向自身吸引。

万有引力

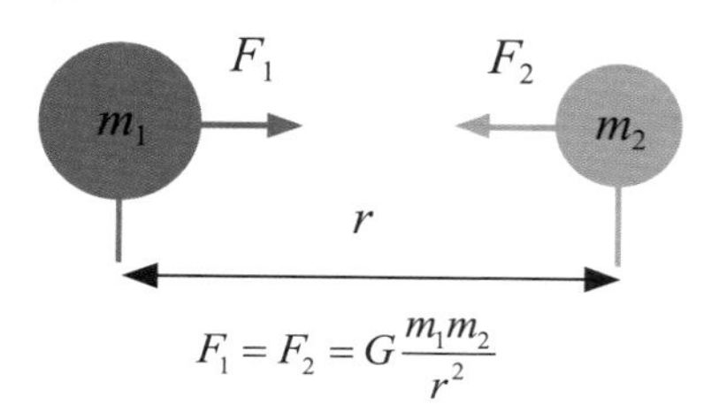

牛顿通过计算得出如下结论：两个物体间的引力与它们质量的乘积成正比，与它们之间距离的平方成反比。

换而言之，其中一个物体质量翻倍，它们间的引力就会随之翻倍；但若两者距离翻倍，引力就会减少到原先的四分之一。

需要注意的是，作用在两个物体上的引力大小相等，方向相反（牛顿第三定律）。

对轨道的解释

牛顿对万有引力的研究，最初的动机是解释开普勒的行星运动定律。牛顿认为，行星在椭圆轨道上任意一点时，其呈直线运动的趋势都被来自太阳的引力精确地平衡。因此，他成功地找到了引力的平方反比定律与开普勒的距离/轨道周期关系的联系。

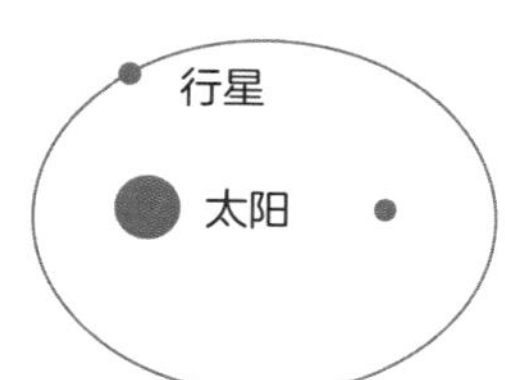

地球引力

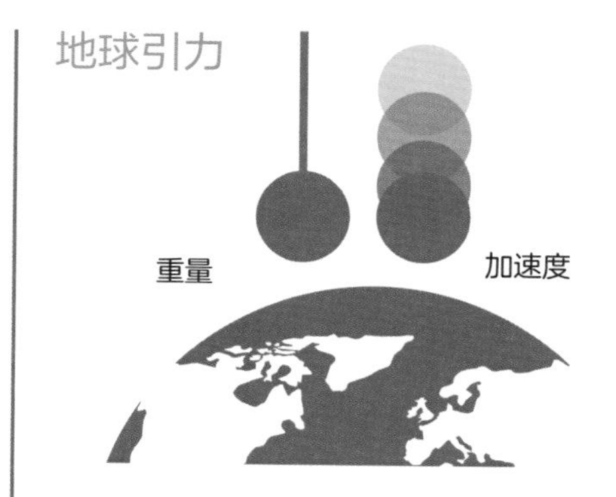

在地球表面，地球引力被简称为重力。重力是向下的，作用于地球引力场中的所有物体。作用于物体的重力可通过以下公式求出：

$$\frac{F}{m_2} = G\frac{m_1}{r^2}$$

通过计算，得出质量为1千克的物体受到的重力为9.8牛。

拉格朗日力学

虽然牛顿定律描述了孤立粒子的完美系统，但现实中，大多数的物理系统与理想状态相去甚远。拉格朗日力学提供了一组可以把理论应用于现实情况的工具。

牛顿的局限性

牛顿定律是计算行星轨道、飞行弹道和台球运动的理想选择。然而，在运动受到限制的情况下，我们还能使用牛顿定律吗？例如，当过山车在一个固定的轨道上行驶，在不同的时刻受到来自不同方向的力时，我们该怎样进行物理分析？

法国数学家、力学家和天文学家约瑟夫·路易斯·拉格朗日（Joseph Louis Lagrange，1736—1813）提出了两种新的数学方法，使牛顿定律能在更普遍的情况下使用。

第一类方程

拉格朗日方程描述了拉格朗日量（L）的动态变化。在大多数系统中，

$$L = T - V$$

其中，T为总动能（系统中所有物体的动能），V为总势能。

在第一类方程中，我们可以根据数学方程（又称函数）来描述系统中的每个约束力，从而描述整个系统中拉格朗日量随时间和位置的变化。

第二类方程

第二类方程采用了一种数学上更为复杂的方法，但通过改变和优化位形空间（描述运动的坐标系），省去了单独考虑约束条件的麻烦。

只需考虑对象在约束系统中不同点的属性，而无须考虑约束条件本身。

简谐运动

周期性或谐波性的运动模式在自然界和人造机器中都广泛存在。这种现象的理想化形式被称为简谐运动（SHM），在现实世界中比人们所想象的更为普遍。

简谐运动的条件

1732年，简谐运动首次被发现。丹尼尔·伯努利将牛顿定律应用于振动弦上的各点后发现：

- 作用在某一点上的力，随着其离假想静止点的位移增加而变大。
- 这个力的方向总是与位移的方向相反（即趋向于使弦恢复到中间位置）。

这种情况下，简谐运动因动能和势能的反复交换而产生：弦在其最大位移处静止下来，此时势能最大；而在穿过中心线时动能和速度达到峰值，使得弦弹向相反的一边。

简谐运动的模型

简谐运动最优美的特点之一是它有着波浪状的数学模型。位移、位移物体的速度及恢复力的强度都以数学上完美的正弦波形式呈现，并彼此抵消：

简谐运动中，t为时间，T为振荡周期，ω为角频率（单位为弧度/秒）。角频率可以用我们熟悉的频率f求得（单位为周期/秒），即$\omega=2\pi f$；亦可以写作$\omega=2\pi/T$。

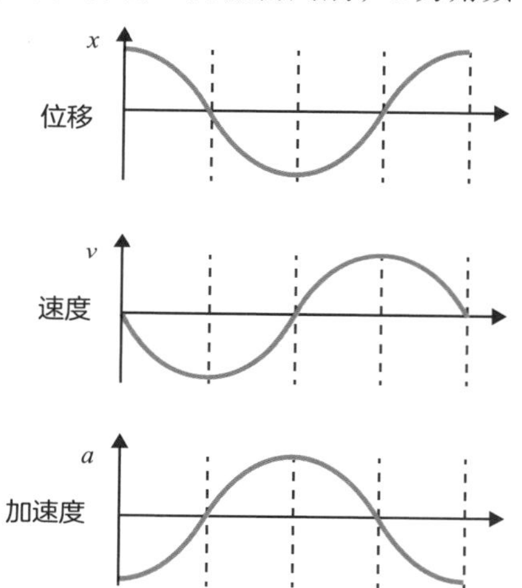

角运动和刚体

简谐运动有时会在意想不到的地方出现，而且对圆周运动和匀速旋转模型尤为重要。反过来，这又促使了人们对更为复杂的运动进行分析。

旋转的物体

在任何旋转系统中，无论是旋转的固体还是绕中心轴旋转的物体，旋转点的行为都可以视为在两个独立维度上的简谐运动：从上方看，该点沿两个相互交错的圆形轨迹做上下和前后运动，而这两种轨迹都可以用正弦波描述。

牛顿第二定律可以由以下形式表述：

$$F = m\,\mathrm{d}v / \mathrm{d}t$$

上面这个公式适用于直线运动，但我们可以发现，它与欧拉方程有一种平行关系：

$$\tau = I\,\mathrm{d}\omega/\mathrm{d}t$$

欧拉方程中，τ是作用于物体上的“旋转力”，专业名词为“力矩”；I为物体旋转时受到的“阻力”；$\mathrm{d}\omega/\mathrm{d}t$为角速度$\omega$随时间的变化率（可以理解为“旋转加速度”）。与其他形式的简谐运动一样，ω的单位为弧度/秒。

欧拉的发现

瑞士数学家莱昂哈德·欧拉在研究船舶物理学及其与波的相互作用时发现了旋转运动方程。1736年左右，他意识到船舶看似无序的漂浮、摇摆和上下晃动周期可以归结为两个要素：平移（牛顿第二定律中描述的空间运动）和旋转（欧拉方程中描述的绕轴运动）。同样的原理可以应用于任何刚体运动，其应用范围远远超出了对船体运动的分析。

弧度是什么？

众所周知，度是角度的测量单位，而角度也可以通过弧度来测量。我们可以说一个圆有360度，或者说一个圆有2π（大约6.2831853）的弧度（正好是一个完整的简谐运动周期）。一个弧度等于$\frac{180}{\pi}$度，即约57.296度。

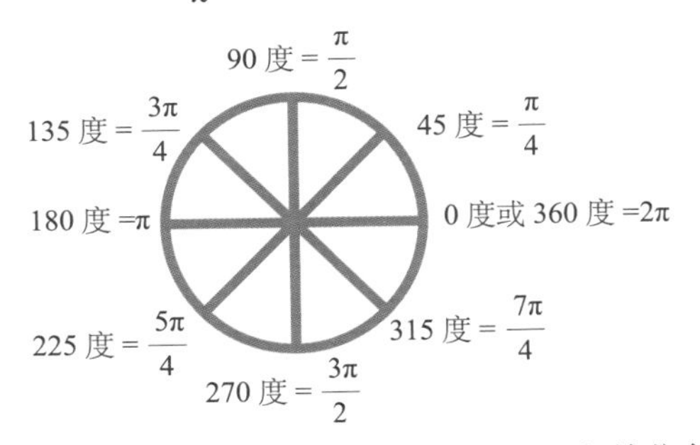

乍眼一看，弧度似乎令人迷惑，然而这个单位使某些计算变得容易许多。圆的周长是$2\pi r$（其中r为半径），在圆周上取与半径r相等的一段，其对应的圆心角就是1弧度。

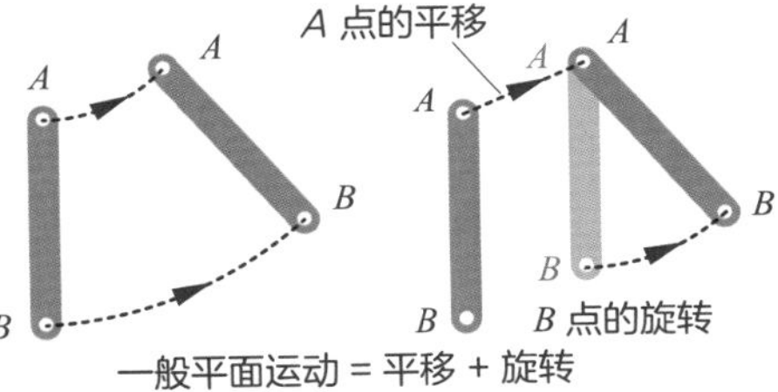

角动量

正如在空间中运动的物体因速度和质量而具有动量一样，就旋转的物体而言，其也有相对应的概念：角动量。

计算角动量

旋转物体的动量是一个矢量，既有大小，又具有一个不断变化的瞬时方向。通过下面这个简洁的公式，我们可以很方便地计算出角动量：

$$L = I\omega$$

其中L为绕旋转轴转动的角动量，I为物体的转动惯量（旋转的阻力），ω为角速度，单位为弧度/秒。

角动量守恒

正如普通的动量一样，在不受外力影响的情况下，一个物体或封闭系统的角动量是守恒的。这一点非常重要，因为虽然物体的质量在没有外部影响的情况下通常保持不变，但转动惯量是个更为复杂的变量，它不仅取决于质量，而且还取决于质量相对于旋转轴的分布情况。

- 质量分布的位置距离旋转轴越远，转动惯量越大。
- 如果同等质量集中分布在靠近旋转轴的位置，转动惯量便会较小。

因此，为了满足动量守恒：

- 如果系统的质量分布较为分散，它的角速度必然较慢。
- 如果系统的质量分布较为集中，它的角速度必然较快。

例子

- 滑冰运动员在滑动过程中伸长或收缩手臂，以控制自己的惯性和角速度。
- 恒星坍缩时角速度守恒，坍缩成密度极高、转速极快的脉冲星。
- 当新生恒星从周围的星际云中吸收物质时，其转速会越来越快。

假想力

如果以被研究的物体作为参照物，那么看起来似乎总是有一股趋向于抵抗物体当前运动状态的力，我们称之为“假想力”。假想力并不真实存在，只是各种不同的力相互作用的结果。

离心力

离心力是物体从轴心逃逸的趋势。形象地说，当你把一个小球绑在绳子的末端，并以自己的头顶为轴心把绳子甩起来的时候，所感受到的把小球往远处拽的力就是离心力。

这个现象可以用牛顿第一定律来解释，因为除非有其他外力作用，小球在其旋转弧线上的任何一点都有沿直线飞走的趋势。

其实，真正作用在小球上的力是向心力，即物体趋向于向中心聚拢的力。绳子的张力将小球拉回你挥动绳子的手。

在小球运动弧线的每一个点上，这个向心力都会抵消球从原有路径上飞走的趋势，最终小球以我们所见的圆形轨迹运动。

前文提到的天体运行轨道也有类似的原理，不同之处在于向心力的来源不同。以环绕地球的人造卫星为例，是地球引力为其提供了向心力。

排水孔下发生了什么?

科里奥利力的效应只在长时间累积的条件下才能显现出来。所以，一些人津津乐道的南北半球的水沿不同的旋转方向流进下水道的传闻，终究只是一个传闻。

科里奥利力

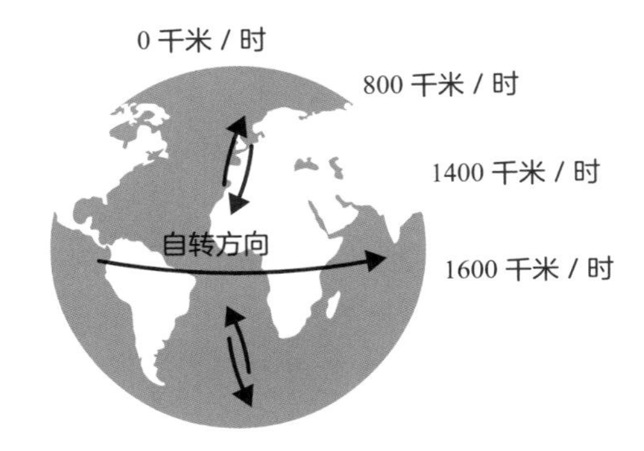

所谓的科里奥利“力”，是指在固体旋转体（如行星）表面的观测者在观察未附着于旋转固体表面的、自由移动的物体时，其原本的直线运动发生偏转的效应。

在顺时针旋转参照系中运动的物体看上去似乎受一个向左的力支配，而在逆时针旋转参照系中的物体仿佛被一个向右的力所推动。

在上述两种情况中，原本在做直线运动的物体，最终的运动轨迹都是曲线。物体离旋转中心越远，这种偏转的效应就越强。

因为地球北半球是逆时针旋转参照系，而南半球是顺时针旋转参照系，南北半球的科里奥利力的作用方向不同。

同时，由于科里奥利力随纬度变化，该效应也会使大型的气流和水体呈螺旋状旋转。

混沌

对物理学家和数学家而言，“混沌”一词有非常特殊的含义。它指的是在一些系统中，看似微乎其微、可以忽略的变化最终导致了差异巨大的、不可预知的结果。

混沌的定义

在日常生活中，我们常用混沌或混乱表达毫无规律可循、完全无法预测的事物。在物理学中，混沌系统可以由非常简洁易懂的规则来表述。

混沌问题的玄妙之处在于“对初始条件的敏感性”。换言之，系统中各个对象之间有着极其复杂的纠葛，我们也无法完全掌握每一个对象的所有属性，这导致在一段时间后，它们未来的发展趋势变得完全无法预测。

混沌的可能性

在模拟现实世界时，我们永远不可能从一开始就精确了解系统中每一个对象的位置和运动状态。然而，我们可以辨别在哪些情况下混沌有可能出现：

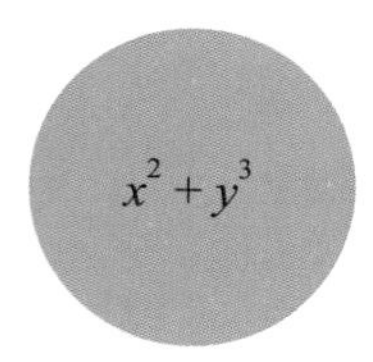

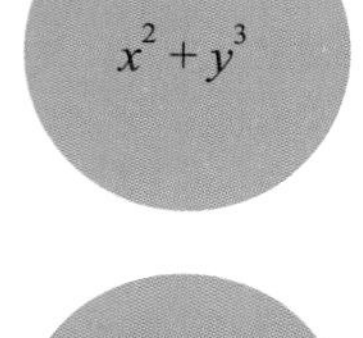

- 在某些变量带有较高次幂的非线性系统中，混沌状态最容易出现。变量与自身相乘，情况会变得难以预测。
- 线性系统（即变量仅与具体数值加减乘除的系统）不太可能产生混沌。在这类系统中，变量的微小变化或误差仅仅导致输出结果的细小差异。

三个天体的问题

自18世纪以来，人们就知道：预测一颗行星未来的公转轨道并不难，但是如果加上第二颗行星，由于三个天体的引力相互作用，情况就会变得相当复杂。

物质

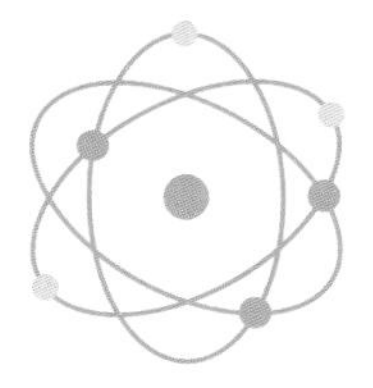
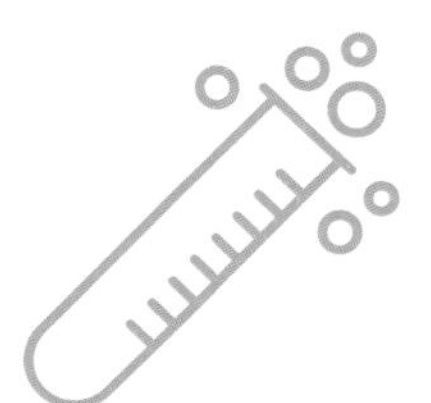
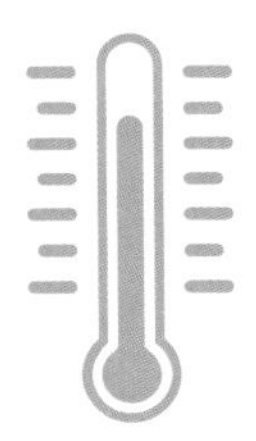

物质的理论

至少从3000年前开始，哲学家和科学家就开始探索物质的本质。当今的原子理论能够预测不同材料在不同情况下的表现。

什么是物质?

简单来说，物质是构成宇宙的实物。早期的许多哲学家对物质领域和精神领域做出了重要的区分。例如，有人认为，日常生活中的物体只是更高层面的精神世界的“影子”。

原子理论

$$C + O_2 \rightarrow CO_2$$

从18世纪末开始，约翰·道尔顿（John Dalton，1766—1844）等人复兴了原子理论，从而解释了为何化学反应的原料经常需要按照一定比例进行配比。

量子物理

20世纪20年代的科学突破表明，在极小的尺度上，亚原子粒子具有波的特性，其表现形式不可预测。

古老的元素

古希腊一种流行的理论认为，所有的物质都由四种元素构成：土、火、气和水。各种元素的精确配比可以解释不同物质的特性。

元素的规律

1869年，德米特里·门捷列夫（Dmitri Mendeleev，1834—1907）制作出了第一张元素周期表。他利用已知的元素建立了一种元素排列模式，从而可以预见缺失的元素。他还大胆发问，元素的规律为何存在?

布朗运动

原子理论的最直接证据来自一种被称为布朗运动的现象：悬浮在水中的微粒（如花粉粒）永不停息地做无规则运动。

布朗运动由植物学家罗伯特·布朗（Robert Brown，1773—1858）于1827年首次发现。

早期的原子学家

早期的希腊原子论者，如德谟克里特设想，宇宙是由微小的不可分割的原子组成的，原子由空旷的空间（即虚空）隔开。

原子的结构

1897年，约瑟夫·约翰·汤姆孙（Joseph John Thomson，1856—1940）发现了“微粒”，这是人们发现的第一个亚原子粒子。由于这个巨大的突破，科学家在1911年识别出一个独立的原子核；1913年，玻尔（Bohr，1885—1962）提出了原子结构模型，即电子在不同的轨道上围绕原子核运行。

原子论的证明

1905年，阿尔伯特·爱因斯坦给出了布朗运动的解释：花粉粒等微粒受到肉眼不可见的水分子的碰撞，从而出现了无规则运动。

物质的状态

在大多数日常情况下，物质具有以下三种状态（又称相）：固态、液态和气态。然而在某些极端条件下，物质可能以第四种形态出现，即等离子体。

物态变化

尽管我们习惯于材料从固态到液态、再从液态到气态的变化（或者反过来），但实际上，这三种状态都能直接相互转化。

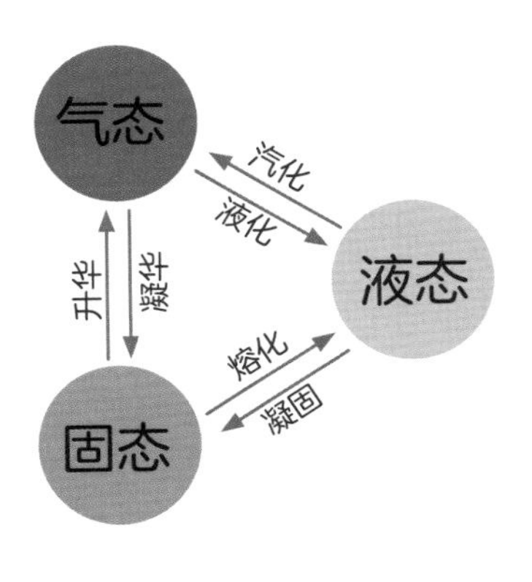

潜热

物态变化涉及化学键的断裂或生成。你可能难以想象，化学键的断裂会吸收能量，而化学键的形成会释放能量，这些被吸收或释放的能量被称为物态变化（如熔化或汽化）的“潜热”。

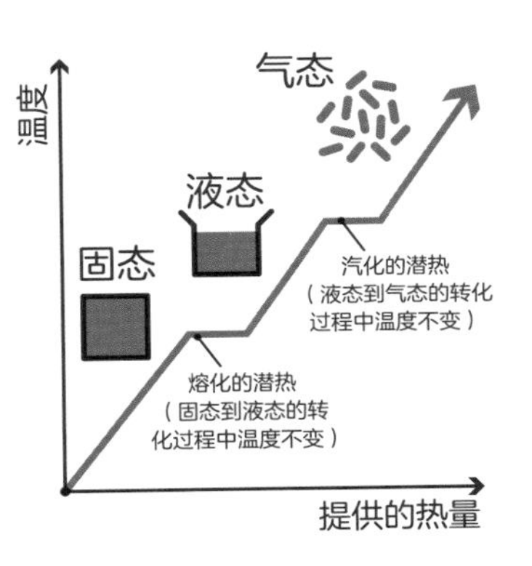

相图

物质呈现出的相既取决于其自身的化学性质，也取决于周围的环境，尤其是温度和压强。物质的相、温度与压强之间的关系可通过相图表示。

三相点：物质的三相（固、液、气）共存的状态。

临界点：超过此边界，物质开始相变。

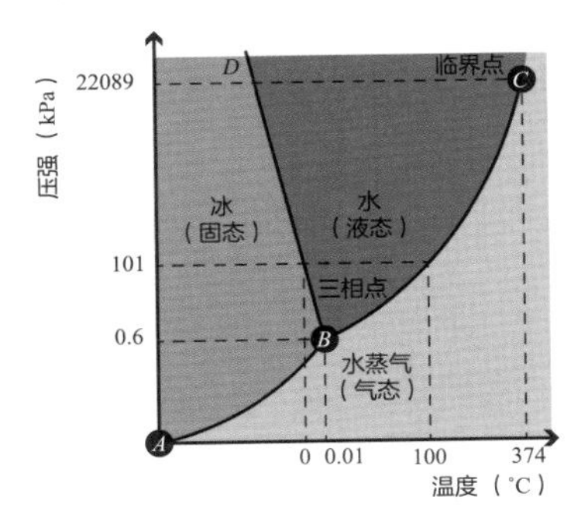

固体及其结构

在固态材料中，原子或分子紧密地结合成足够大的“基团”，其他物质难以穿过。固体分为晶体或非晶体（无定形体）。

晶格

晶格（即晶体的结构）有各种各样的形式，取决于原子或分子的结合与排列方式。

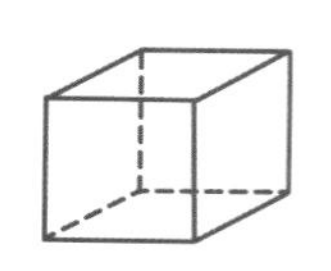

立方晶系：三轴垂直且长度相等。

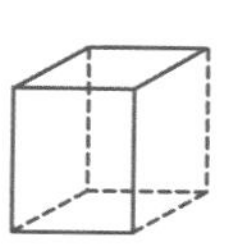

四方晶系：三轴垂直，两轴等长。

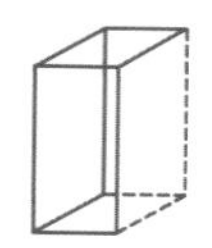

正交晶系：三轴垂直，长度互不相等。

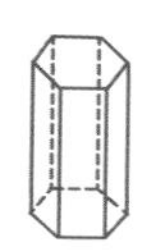

六方晶系：三条等长的轴被等角分开，第四条轴垂直于前三条轴形成的平面。

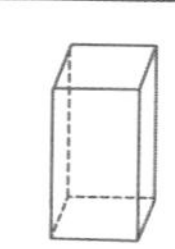

单斜晶系：两轴垂直，三轴等长。

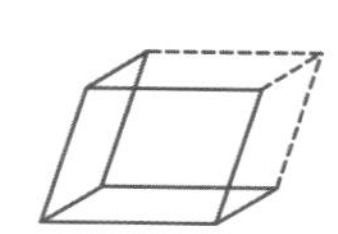

三斜晶系：各轴互不垂直且长度互不相等。

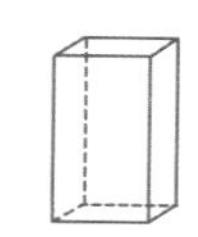

菱面体：各轴互不垂直但长度相等。

同素异形体

同素异形体是一组由同一种化学元素组成而结构不同的单质。尽管大多数单质可以固液气三种状态存在，但同素异形体一词通常只适用于不同的固体形态（右边三种物质都是由碳原子组成的）。

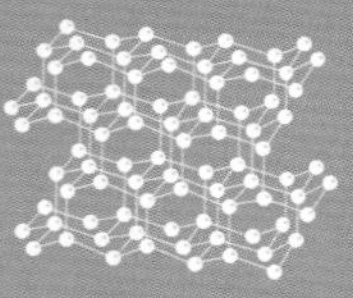

钻石：立方晶系

石墨：六方晶系（平面）

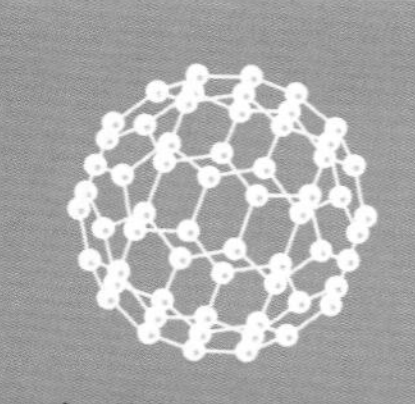

巴克明斯特富勒烯：六方晶系（球形）

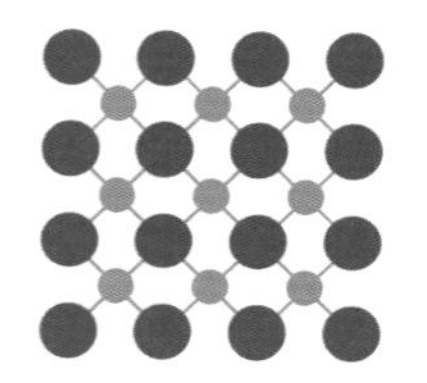

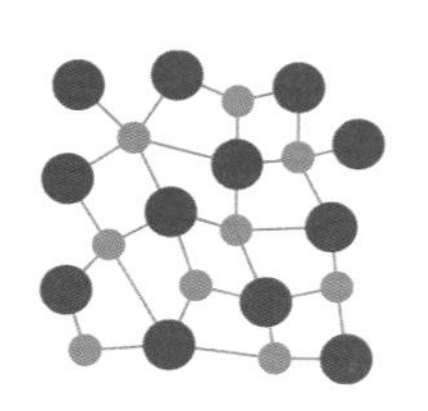

无定形固体

并非所有的固体都具有重复排列的晶体结构。许多固体的原子排列并不规则，没有平行的行列或原子平面。这些无定形固体包括玻璃和许多聚合物，如塑料。

物质的状态

大多数固体都可以在不被完全破坏的情况下，形状发生一定程序上的改变。分子之间的键可以被拉伸或重新排列，以保持原材料的规模和体积特征。

应力与应变

应力是对固体内部由于微粒相互挤压而产生的力的衡量。

$$应力=\frac{变形力}{材料横截面积}$$

应力的单位是帕斯卡（简称帕，用Pa表示），与压强的单位相同：

$$1\ \text{Pa} = 1\ \text{N/m}^2$$

$$(1\ 帕 = 1牛/米^2)$$

应变测量的是材料在应力作用下的变形。应变的测量方式非常简单，只需计算其沿着某一轴线的长度变化（ΔL）与原长度（L）的比值。

延展性和脆性

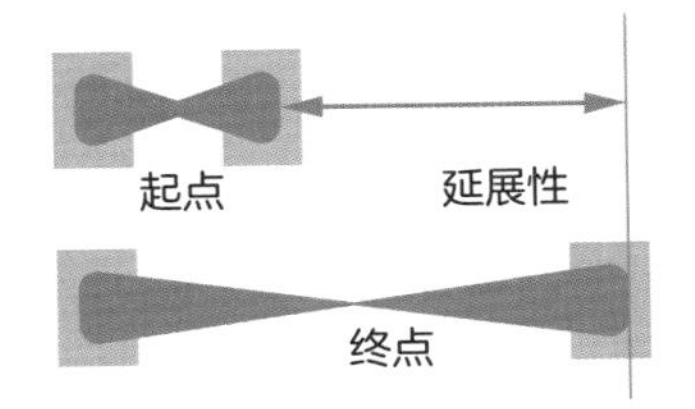

材料对外力的反应方式不同。某些金属材料可以被拉伸成长条形。在这种情况下，我们可以说该材料是有延展性的。

其他的材料则是脆性的。它们只能以微小的变形抵抗应力，随后其内部的键会遭到破坏，物体原有的结构也不复存在。

胡克定律

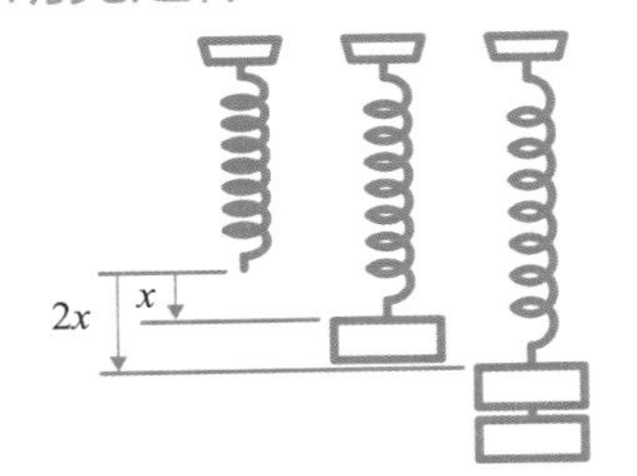

1676年，罗伯特·胡克（Robert Hooke，1635—1703）提出了胡克定律：弹性材料上发生的形变（x）与施加于它的外力（F）成正比。

$F = kx$（k为材料的弹性系数）

杨氏模量

杨氏模量也称为弹性模量，用于测量材料中应力与应变之间的关系：

$$杨氏模量=\frac{应力}{应变}$$

与应力一样，杨氏模量也是以压强的单位“帕”来测量的。然而，杨氏模量的值往往很大，因此其单位通常写作十亿帕（GPa）。

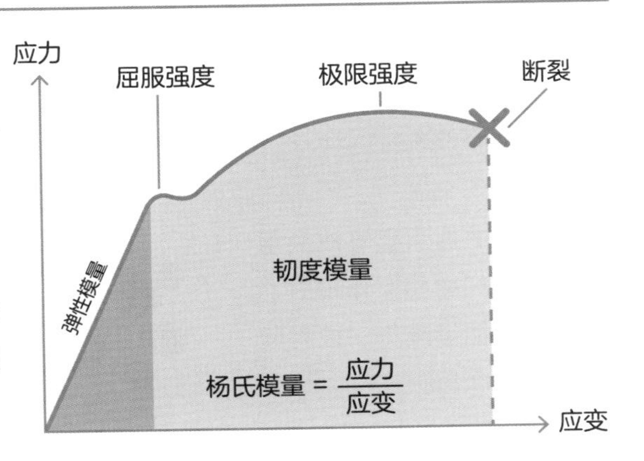

流体力学

流体能够在重力和其他外力的作用下流动并填充容器，而不会变成碎片。

阿基米德原理

在流体中的物体受到一个向上的力（浮力），这个力等于它所排开的流体所受的重力。

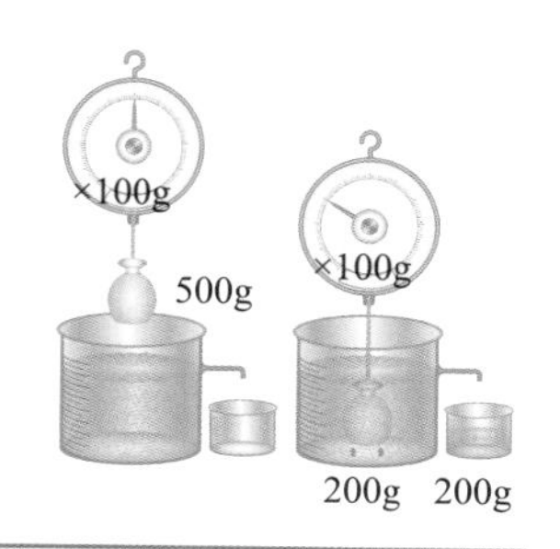

我发现了！

据说，阿基米德受国王委托测量一顶金王冠的纯度，后来他提出了浮力定律。然而，其实在解决这个难题时他并没有用上此原理。他只是用完全浸没的王冠所排出的水量来测量出其精确的体积，从而算出王冠的密度。

失重状态下的流体

在太空中的失重环境下，由于表面张力的作用，流体会将自身拉成球形。在球形结构中，流体表面上的所有化学键都是等长的。

泡泡

在水中加入肥皂液会削弱水分子间的相互作用力，从而产生能够维持一段时间而不破裂的泡泡。

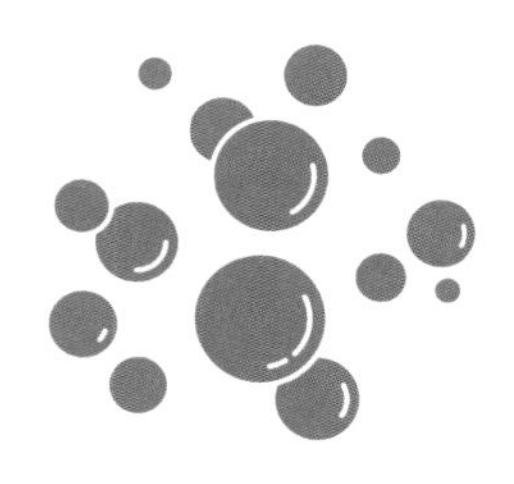

表面张力

在液体内部，分子之间的相互作用力处于平衡状态，将分子同时拉向各个方向。在液体表面，分子间作用力仅仅把分子拉向流体内部或表面本身。这种作用力称为表面张力，可以防止流体的表面破裂。

表面张力可以防止不同液体相互混合，并且使液体表面得以支撑诸如昆虫之类的轻质物体。

液体的表面张力最大。以水为例，其有着极强的分子间作用力。

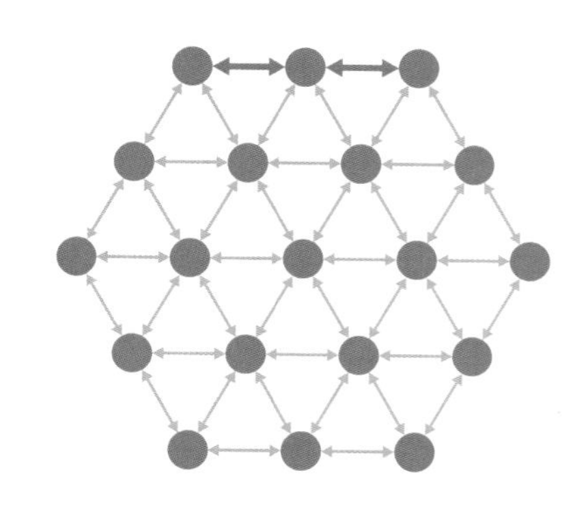

流体动力学

流体动力学是物理学的一个分支，主要研究流体（液体和气体）的运动。流体动力学并不把研究对象分解为单个颗粒进行分析，而是把流体视为连续的物质，其中一个区域的干扰会影响到其他所有区域。

主要概念

- 不可压缩性：流体动力学假设其所研究的流体不可被压力压缩（这通常只适用于液体而非气体）。
- 理想流体：这种理想模型中的流体没有黏性（内部摩擦力）以阻止其形变。
- 剪应力：剪应力为流体材料单位面积上所承受的力，且力的方向与受力面平行。
- 剪应变：在剪应力的作用下，流体尺度与原有尺度相比的变化程度。

牛顿流体与非牛顿流体

牛顿流体是“标准”的流体，任一点上作用的应力与应变的变化率成正比，因此其黏度为一个固定的常数。

非牛顿流体的黏度是可变的，会受到时间和已承受的压力的影响。例如番茄酱和油漆，都属于这种难以预测的流体。

黏度

黏度的概念与杨氏模量（固体材料弹性的量度）有相似之处，但由于流体会迅速变形，黏度的计算方式为：

$$黏度=\frac{剪应力}{剪应变的变化率}$$

（黏度单位为帕·秒）

伯努利定理

1738年，瑞士数学家丹尼尔·伯努利提出：流体的速度与其产生的压强成反比。换句话说，流速增加时（例如当流体流经的管道变窄时），其压强减小。

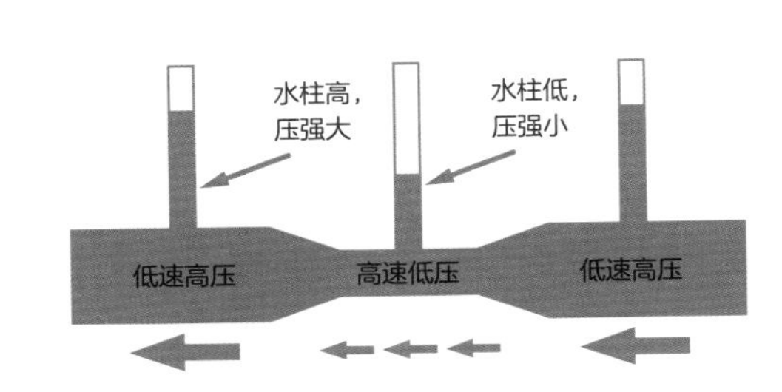

理想气体

理想气体是一种假想气体，其原子或分子完全相互独立，没有相互作用力。在这种情况下，气体会扩散并填充整个容器。

气体定律

我们可以通过三条简单的定律描述当不同条件发生变化时，容器中一定量的气体的行为：

波义耳定律

若温度（T）保持不变，则气体的压强（p）与其所占体积（V）成反比。

压缩气体体积时，其压强就会增加；使气体膨胀，压强就会减小。

T为常数时，p与V成反比。

查理定律

若气体体积保持不变，则气体的压强与温度成正比。

在固定大小的容器中加热气体会导致其压强增加，而冷却会使其压强减小。

V为常数时，p与T成正比。

盖-吕萨克定律

若气体压强保持不变，则气体所占体积与其温度成正比。

在允许气体自由膨胀的情况下，加热气体会使其膨胀，而冷却会使其收缩。

p为常数时，V与T成正比。

气体的测量

气体以摩尔（mol）为单位进行测量，1摩尔为与物质相对原子质量或相对分子质量等值的克数所包含的粒子的数量。

例如，1摩尔氦单质（He的相对原子质量为2）重2克，1摩尔氧气O_2（O的相对原子质量为16）重2 × 16 = 32克。

理想气体定律

上述所有定律可以组合成一个方程，描述所有理想气体的行为：

$$pV=nRT$$

其中R为常数，被称为理想气体常数。

气体动力学理论

气体动力学理论通过研究气体中粒子的表现方式，用简单易懂的语言对气体的行为进行解释与建模。

主要假设

理想气体是由彼此独立的原子或分子构成的，它们之间的相互作用只有碰撞这种方式。

粒子的数量巨大，其行为具有统计学意义。

粒子的运动速度取决于气体的绝对温度。气体的温度反映了分子的动能（运动的能量）。

气体产生的压强是粒子与容器壁碰撞的结果。粒子之间的碰撞是弹性的（粒子的总动能保持不变），但粒子和容器之间的碰撞是非弹性的（动能转化为其他形式的能量）。

引力对单个分子的影响可以忽略不计。

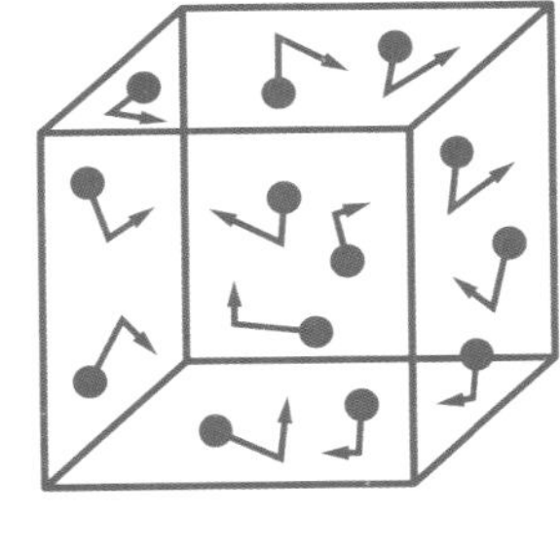

从理论到实践

加热固定容器中的气体，分子的运动速度会增加，分子与容器碰撞的速度和强度也会增加，从而压强也随之增加。

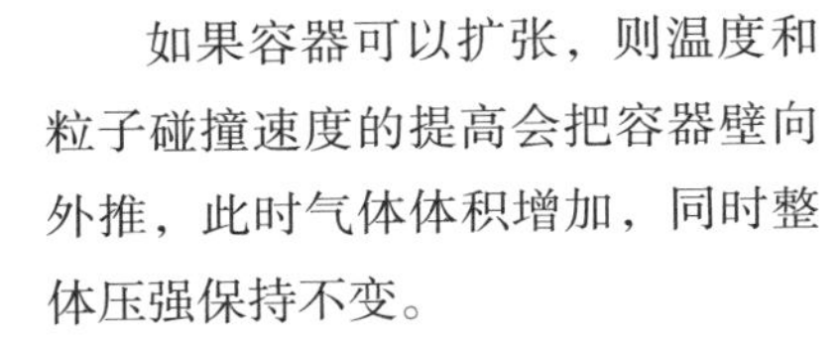

如果容器可以扩张，则温度和粒子碰撞速度的提高会把容器壁向外推，此时气体体积增加，同时整体压强保持不变。

在温度不变的情况下加入更多的气体，如果容器能够自由扩张，它就会膨胀直到其恢复到原来的压力为止。

麦克斯韦–玻尔兹曼分布

在统计学意义上，无数单个对象的未知属性可以根据它们以平均值为中心的分布进行建模。詹姆斯·克拉克·麦克斯韦和路德维希·玻尔兹曼（Ludwig Boltzmann，1844—1906）提出了描述这类问题的复杂方程。

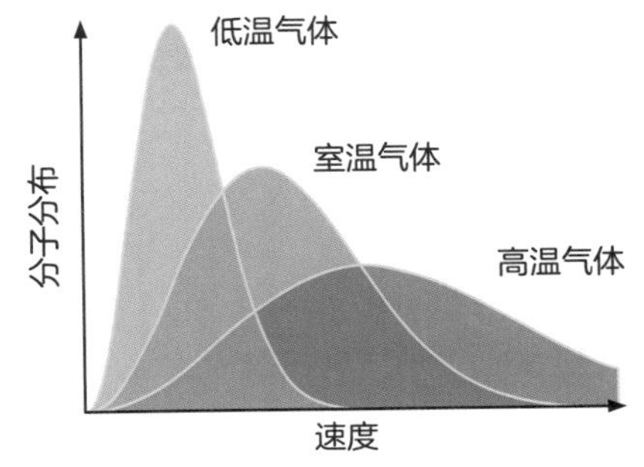

统计物理学

气体动力学理论是物理学史上的巨大突破。它首次展示了统计模型的强大功能，在这类模型中，粒子行为的统计平均值比单个粒子的属性更为重要。

化学元素

化学元素是一种由同种原子构成的单质，其原子具有不同于任何其他元素原子的独特性质。化学元素周期表中共有118种元素，其中，94种元素是自然界的产物，而另外24种化学元素则是使用核反应堆人工合成的。

元素的性质

原子序数

元素的原子序数表示其原子核中质子的数量（质子为带正电荷，相对较重的粒子）。因为原子只有在处于电中性（正负电荷相互抵消）时才是稳定的，所以原子序数还表示原子核周围轨道上电子（带负电的轻质粒子）的数量。

原子质量

原子质量单位被定义为一个碳12原子质量的十二分之一。

一个碳12原子包含6个质子、6个中子和6个电子。

同位素

许多元素由原子序数相同但质量不同的原子构成，这些元素的子分类被称为同位素。每种同位素的原子核中所包含的质子数相同，而中子数不同。同一元素的同位素都有相同的化学成分，因此当我们取样计算某种化学元素的原子质量时，它可能不是整数。

元素的发现

自古以来，人类便已知晓天然元素的存在。天然元素是以纯净物形式存在于自然界的金属或非金属物质（例如硫）中。

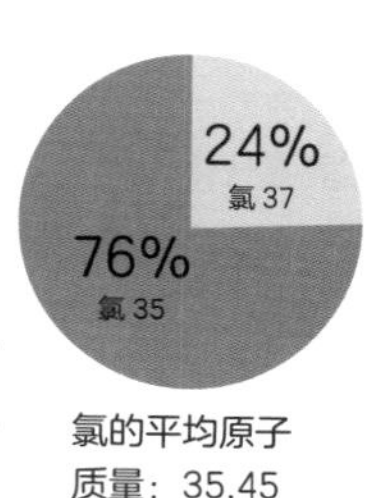

氯的平均原子质量：35.45

时间线

史前至公元前3000年 纯净的铁是人们在史前时代落入地球的陨石中发现的，但直到公元前3000年左右，人们才找到了从氧化铁等矿石中提取铁的方法。

1669年 亨尼格·布兰德（Hennig Brand，1630—1692）发现了磷，这是人类发现的第一个化学元素。

1777年 安托万·拉瓦锡（Antoine Lavoisier，1743—1794）将氧气确定为一种新元素。

1868年 让森（Janssen，1824—1907）和洛克耶（Lockyer，1836—1920）根据太阳光谱的谱线发现了氦。

1875年 德米特里·门捷列夫根据元素周期表中的缺口进行预测，发现了镓。

1898年 玛丽·居里（Marie Curie，1867—1934）和皮埃尔·居里（Pierre Curie，1859—1906）发现了钋。这是人类发现的第一个不稳定元素，是铀的衰变产物。

1937年 人们利用早期的粒子加速器制造出了锝，这是世界上第一个合成元素。

元素周期表

元素周期表是了解不同元素的化学性质、物理性质和内部结构的强大工具。

德米特里·门捷列夫

我们现在通用的元素周期表主要归功于俄国化学家德米特里·门捷列夫，他于1869年发布了早期版本，并用它来预测出尚未发现的元素（镓和锗）。

元素的分组

元素周期表把化学性质相近的元素排在同一纵列（族），并且按照原子质量递增的规律，把元素沿横行依次排列（周期）。另外，根据元素的共有属性，人们把元素周期表划分成不同的区：

- 氢：氢为最简单的元素，其外层只有1个电子，非常活泼。
- 碱金属和碱土金属：这些闪闪发亮的金属具有不稳定的原子结构。它们很容易与其他元素发生反应（这种反应有时非常剧烈），形成化合物。
- 过渡金属：这些不太活泼的金属可通过不同类型的化学反应生成多种化合物。
- 后过渡金属：这些软金属的化学性质与过渡金属不同，单独进行分组。
- 类金属：这些元素的性质介于金属和非金属之间。
- 活泼非金属：这类元素的熔点和沸点较低，通常与金属原子结合，生成化合物。
- 稀有气体：这些非金属具有非常稳定的原子结构，很难发生化学反应。
- 镧系元素和锕系元素：在元素周期表里，这些重金属通常从主表里分出来，写进子表里，以控制主表的尺寸。

基本结构

周期表中行和列的模式反映了电子填充每种元素的原子外层的方式。通过观察每个周期中的元素数量，我们可以总结出关于原子结构的一些重要信息。

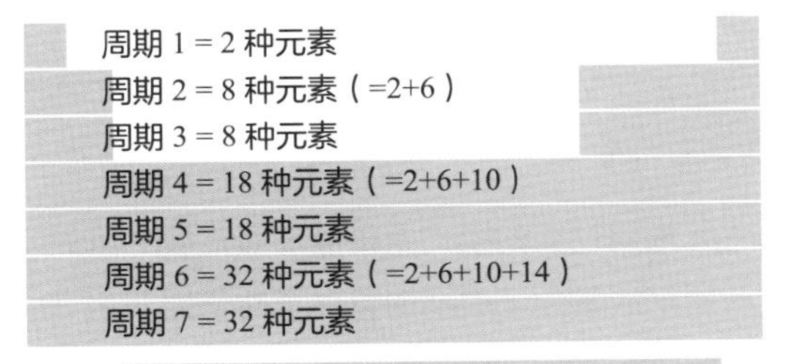

走近原子结构

尽管物理学家发现了许多基本粒子及其相互作用方式，然而大多数元素的化学行为可以用一个仅包含三个粒子的简单模型来解释。

简单的原子

原子由原子核和电子组成，这些电子围绕着原子核运行。原子核带正电，占据了原子的大部分质量。

由于单个原子是电中性的，因此原子核所带的电荷与电子所带的电荷数值相等，电性相反。

原子核中包含名为质子的核子，它与电子所带电荷量相等，电性相反。因此，一个中性的原子所含的质子与电子数量相等。

除了最简单的原子核，其他所有原子核还包含名为中子的不带电粒子，中子的质量与质子大致相同。

因此，我们可以根据原子的序数（其在元素周期表中的位置）和相对原子质量来计算原子中粒子的组合方式。

同种元素的同位素原子质量不一，这会使问题复杂化。因此，大多数关于原子的描述都说明了所讨论的同位素具体是哪一种。

例子

简单氢原子：原子核里包含1个质子，外层1个电子绕核运动。

氘（氢–2）：原子核里包含1个质子和1个中子，外层1个电子绕核运动。

氦4：原子核里包含2个质子和2个中子，外层2个电子绕核运动。

碳12：原子核里包含6个质子和6个中子，外层6个电子绕核运动。

碳14：原子核里包含6个质子和8个中子，外层6个电子绕核运动。

电子轨道

元素周期表的模式是由电子如何被“添加”到原子里的方式构建的。

周期表的每个周期都包含了与该周期相对应的一组完整轨道的依序加入，因此加入顺序为1s、2s、2p、3s……以此类推。

轨道名	描述	电子	周期
s轨道	球形	2	1~7
p轨道	3个相互垂直的双瓣壳	3 × 2=6	2~7
d轨道	5个相互垂直的双瓣壳	5 × 2=10	4~7
f轨道	7个相互垂直的双瓣壳	7 × 2=14	6，7

化学键

化学键以各种方式将原子结合在一起，形成分子。化学键的性质和强度取决于原子的类型和相互关系。

寻找稳定性

化学键产生的动力是使原子形成一个具有完整的最外层电子轨道的稳定结构。根据这一原则，化学键的类型有三种。

离子键

一个需要吸收电子以维持最外层轨道稳定电子的原子，向一个需要释放电子以维持稳定性的原子夺取电子。此时，它们会形成两个分别带有负电荷和正电荷的离子，静电作用将它们结合在一起，离子间的纽带被称为离子键。

共价键

共价键形成于两个都需要吸收额外电子以保持最外层电子轨道稳定的原子之间。通过形成共价键，两个原子可以共享电子，以填充最外层电子轨道的缺口。

金属键

金属原子大量聚集时会形成一个晶体结构。在这个结构里，每个原子的剩余电子脱落下来，带正电的离子通过散落四周的大量电子结合在一起。

化学反应

在化学反应过程中，不同反应物的分子分解并重新结合。通过化学反应，一组可相互反应的化学物质被转化为一组反应产物。

化学方程式

化学反应通常用化学方程式来表达。例如，钠（Na）与氯气（Cl_2）反应生成氯化钠（NaCl）的化学方程式为：

$2Na\ (s) + Cl_2\ (g) \rightarrow 2NaCl\ (s)$

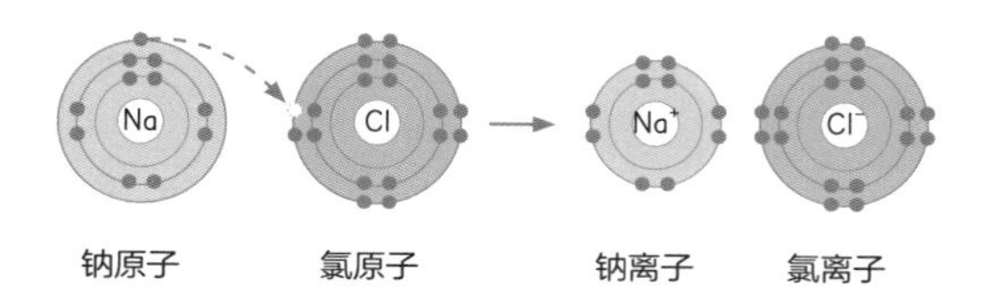

每个元素的原子总数在箭头的两侧是相等的，而且所有元素均以其在当前条件下的状态存在。因此，由于氯通常以气体形式存在，而氯气分子含有2个氯原子，此处需要2个钠原子来形成2个氯化钠分子。

· 化学方程式中的箭头表示反应进行的方向。然而，许多反应是可逆的，此时我们用双向箭头↔表示。

反应物或生成物后面括号中的字母表示其物态（固态、气态或液态），可以不写，并不做强制要求。

反应与能量

化学键断裂需要吸收能量，形成新键则会释放能量。因此，许多反应需要外部能量（如热量）的注入才能够发生；然而化学反应一旦开始，就会释放自身的能量。如果在一个反应中吸收的能量大于释放的能量，我们则称这个反应为吸热反应，反之称为放热反应。那些不需要注入额外能量就能发生反应的是放热反应。

电离

在大多数情况下，物质以呈电中性的原子或分子形式存在。然而，当原有电子被剥离或者新电子被添加到中性原子中时，带正电或负电的离子便会产生。

电离物质

离子可能带正电，也可能带负电。为其命名时，我们在化学式后面写上一个表示其净电荷的上标数字，例如Fe^{2+}或CO_3^{2-}。

离子的形成原因是原子的最外层电子轨道失去原有的电子或获取多余的电子。

- 与原子原来的电中性状态相比，负离子获取了多余的电子。
- 与原子原来的电中性状态相比，正离子失去了原有的电子。

带正电的离子被称为阳离子，带负电的离子被称为阴离子。

电离的原子非常活泼。为了回到原先稳定的电中性结构，它会与接触到的所有其他物质发生反应。

离子的形成

离子可能在以下条件下形成：

- 在高温环境中，快速运动的原子或分子相互碰撞，导致电子从最外层脱落（然后快速运动的自由电子会与其他粒子碰撞）。
- 在高能电磁射线（通常是紫外线、X射线或γ（伽马）射线）的轰击下，电子获取了足够的能量从而得以逃逸。
- 在强电场中，强大的电压会把电子从原子中剥离。
- 化学反应的中间阶段可以形成离子（这个阶段通常很短）。

等离子体

等离子体通常被称为物质的第四种状态，是由离子在孤立环境中产生的流体，因此离子无法与其他物质相互反应并回到电中性状态。

分子间作用力

一般来说，分子之间的键比分子内部的原子间键要弱得多。分子间作用力在将物质以固态和液态形式结合在一起时发挥着重要的作用，影响着物质的物理而非化学性质。

静电力

大多数分子间作用力的基本原理是静电作用，即电荷相反的区域相互吸引。

虽然一个分子总体可能呈电中性，但其原子最外层轨道中的电子排布往往是不均匀的（尤其是在共价键中，原子之间共享的电子对会占据一定空间）。此时我们称这样的分子为“极性”的。

分子中带有负电荷的电子（d^-）凝聚成团，导致分子的另一端形成一个带正电的缺口（d^+），我们称之为“偶极子”。

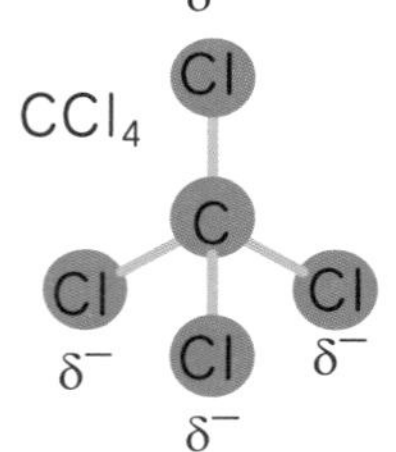

在不同的分子中，偶极子的两端相互吸引，产生较弱的吸引力。我们称这个将物质结合在一起的力为范德华力（Van der Waals' forces）。

氢键

由于化学键而带有多余电子的原子，对相邻分子中带正电的氢原子造成了极强的吸引力，我们称这种吸引力为氢键。氢键的效力在水分子（H_2O）间极为强大，显著提高了水的熔点和沸点。

H δ^+　　　　　　　　H δ^+

O δ^- ┅┅ H δ^+ — O δ^-

H δ^+

溶液

当溶质与溶剂（通常为液体）相互混合时，便会形成溶液。溶剂的分子间作用力克服了将溶质结合在一起的作用力，使溶质分解或溶解为单个分子。

离子溶液和电解

水的强极性使其成为一种尤其有效的溶剂。水以及另一些溶剂可以克服原子间的范德华力，将溶质分解成带有相反电荷的溶解的离子（原子或原子团）。

电解是分离离子溶液的方法。当电流通过两个导电电极之间的溶液时，离子沿相反的方向迁移，并在每个电极上发生化学反应，从而产生新的物质。

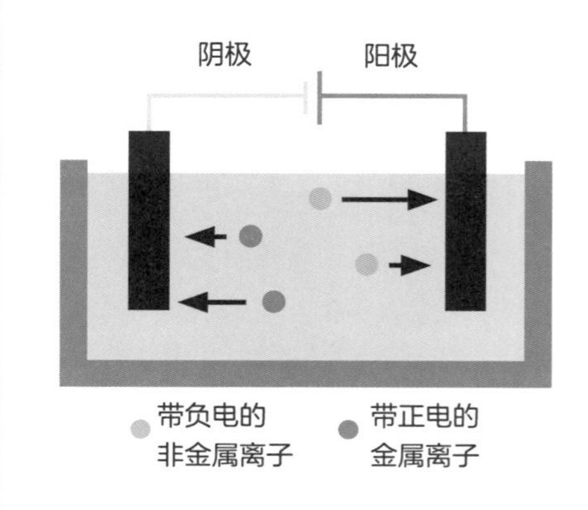

X射线晶体学

众所周知，X射线能够穿透软组织并对日常物体的内部结构进行成像。然而，X射线还有另外一种功能。通过X射线，科学家能在亚显微尺度上探测物质的结构。

衍射的射线

X射线的波长比可见光的波长短得多，但同为电磁波，它们会产生同样的现象，包括衍射。

X射线的波长很短，这意味着它只有在通过极其狭窄的缝隙时才会发生衍射，因此这种现象在日常情况下不会出现。

然而，许多分子或晶体的表面和内部结构可以成为X射线的衍射光栅，使X射线扩散开来并形成明显的衍射图像。

晶体学的奠基人

1912年，马克斯·冯·劳厄（Max von Laue，1879—1960）发现了X射线的衍射现象，证明了X射线确实是电磁辐射的一种形式。劳厄率先提出了将衍射用于研究晶体内部结构的想法；1913年，布拉格父子［威廉·亨利·布拉格（William Henry Bragg，1862—1942）与威廉·劳伦斯·布拉格（William Lawrence Bragg，1890—1971）］则制定了实际应用时的相关方法。

生物学突破

20世纪中叶，X射线晶体学成为生化研究的重要工具，帮助人们揭开了极其复杂的有机分子的结构。

- 1951年，莱纳斯·鲍林（Linus Pauling，1901—1994）利用X射线晶体学证明了许多蛋白质分子中具有扭曲的螺旋结构。
- 不久以后，罗莎琳德·富兰克林（Rosalind Franklin，1920—1958）和莫里斯·威尔金斯（Maurice Wilkins，1916—2004）找到了相关证据，表明在所有活细胞中携带遗传信息的DNA分子亦有严格定义下的螺旋结构。
- 1953年，詹姆斯·沃森（James Watson，1928— ）和弗朗西斯·克里克（Francis Crick，1916—2004）利用富兰克林的研究制定出一个“双螺旋”模型，认为DNA的结构类似于扭曲的梯子。
- 1964年，多萝西·克劳福特·霍奇金（Dorothy Crowfoot Hodgkin，1910—1994）凭借其利用晶体学绘制胰岛素和维生素B_{12}等分子结构的开创性工作而获得诺贝尔化学奖。

火星上的晶体

2012年，美国宇航局的“好奇号”火星探测器抵达了这个红色的星球，并在火星上进行了X射线衍射实验，以分析火星表面矿物的化学结构。

原子力显微镜

原子力显微镜采用了你能想象到的最精密的传感器，利用物理探针来绘制出材料的原子表面。它甚至可以重新排列原子！

探测原子

原子力显微镜的工作原理非常简单：它依靠一个超精细、超锋利的探针在材料表面来回移动穿行，进行扫描。

由于材料表面的直接机械力或通过改变探针针头的配置及涂层而产生的引力和斥力（包括范德华力和磁力），导致探针在穿行过程中不断上下颠簸。因此，我们可以揭开材料表层在原子尺度上的结构和特性。

· 硅或氮化硅探针的尖端被削尖到几纳米（纳米为十亿分之一米）。

· 探头安装在悬臂的一端，因此可以上下移动。

激光

位置检测器

· 激光将光束投射到悬臂的反面。

· 检测器测量出反射激光束的方向，并计算悬臂的偏转程度。

· 计算机通过扫描每个点的偏转程度，重新绘制图像。

纳米光刻技术

原子力显微镜不仅能观察单个原子，还能对其进行操作。探针尖端可以产生静电力，从而吸引或排斥单个原子，甚至可以拾取、移动及放下原子。这种与原子打印相似的技术被称为纳米光刻。

作为一种在平面上构建原子尺度结构的方法，纳米光刻技术有着广泛的应用，尤其是在集成电路及相关设备的制造领域。

在未来，三维纳米机器或许会成为现实。这种机器有着能够执行特定任务的复杂分子结构，甚至可能进行自我复制。

宣传噱头

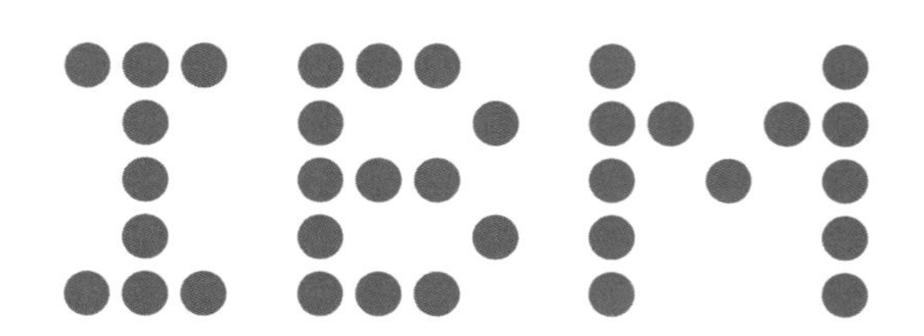

1989年，纳米光刻技术首次面向公众展示。当时，国际商业机器公司（IBM）的科学家操作了铜表面上的35个氙原子，并拼写出了他们公司的名字。

原子里的光

材料可以通过多种不同的方式发光，尤其是通过构成材料的单个原子和分子的振动以及这些粒子内部结构的改变。

原子发射

当单个原子或分子吸收再释放能量后，发射光谱辐射便会产生。

在这个过程中，原子中的电子被某种外部条件激发，短暂地跃迁到一个更高的能级，然后再回落到其原始状态。

与热辐射相反，发射光谱辐射被限制在特定的狭窄波长范围内，这个范围取决于受激发的材料。光谱学研究这些波长，以便更多地了解关于其原材料的信息。

颜色与温度

人类的视觉系统将发光物体发出的各种波长解释为单一的整体颜色，但当金属棒被加热时，我们很容易看到辐射是如何转换为更短的波长与更高的能量的。

温度（℃）	可见颜色
580	暗红
930	明橙
1400	白热（能量较低的橙色、黄色与能量较高的绿色、蓝色的结合）

黑体辐射

炽热材料的热辐射模式与黑体辐射曲线相仿，它将辐射量及其波长和颜色的分布与材料的温度联系了起来。

什么是黑体?

黑体是一种理想物体，它能够完全吸收所有的辐射，无论辐射的频率高低或进入黑体的角度如何。黑体自身可以发出辐射，但其表面完全无反射。这个概念非常有用，因为它简化了描述热辐射所必需的模型。

实际上，诸如恒星之类的炽热物体往往是灰体①。它们散发出的热能只是真正黑体的一小部分，但它们仍然遵循黑体的大多数行为规律。

完美黑体

现实世界中与黑体相近的是空腔辐射源。这是一个内部为黑色的空心球体，有一个小小的入口。所有进入空腔的辐射都不太可能逃出，因此，这使得空腔成为一个近乎完美的吸收体。依托现代材料（如“超黑”涂料和碳纳米管涂层等），空腔捕获辐射的能力会更强。

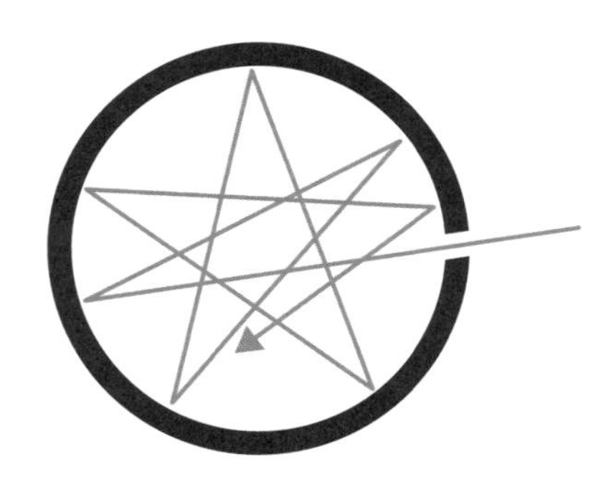

温度、颜色与能量

当黑体产生热辐射时，其发射的波长和强度呈一条明显的上升曲线至中心峰值。黑体温度越高，峰值越高，波长越短。

通过比较黑体在某些波长的辐射，我们可以计算出黑体的温度（至少是现实世界中灰体的有效温度）。

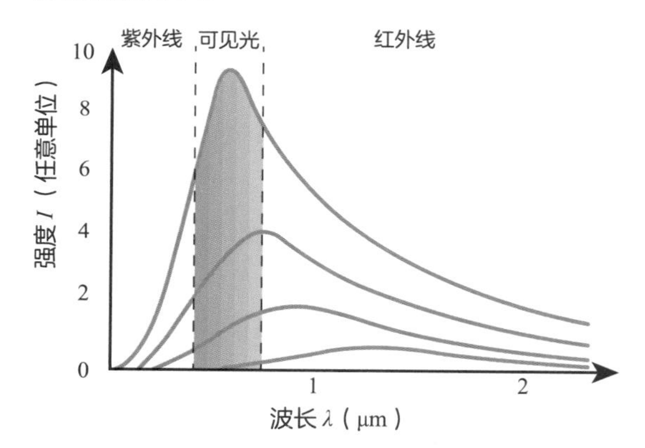

① 灰体：对热辐射能只能吸收一部分而反射其余部分的物体。——编者注

光谱学

光谱学是对不同形式的物质发射或吸收的光的研究，以了解其构成元素与物理性质。

光谱仪

大多数发射或吸收辐射的自然过程都是优先进行的。它们要么有着覆盖范围较广泛但仍然有限的波长范围（如热辐射），要么有着非常狭窄的特定波长范围（如发射光谱）。

通过可将不同波长的光分离成不同角度的衍射光栅，光谱仪可以把光分解成宽泛的光谱。通过目镜，我们能观察到不同颜色与波长下的光强，也可以将其记录在电子传感器上。

光谱的类型

光谱的类型分为三种：

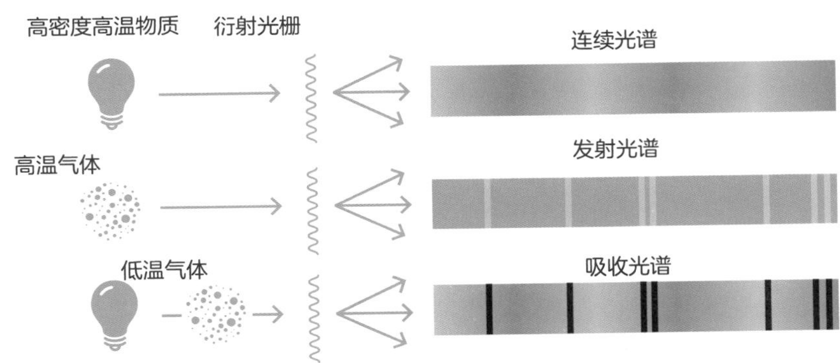

连续光谱：这是黑体辐射的典型光谱，在广泛的波长范围内呈彩虹状分布。光源的温度可通过不同颜色的亮度指示。

发射光谱：发射光谱一般较暗，只在特定波长上有一系列明亮的色线，这是因原材料中被激发原子的弛豫①而引起的。

吸收光谱：吸收光谱是被狭窄的黑线覆盖的连续光谱。吸收光谱是发射光谱的对立面：当原子从连续光源的特定波长中吸收能量并被激发时，便会形成吸收光谱。

光谱里的科学

通过光谱，我们可以获得实验室及广袤宇宙中关于材料的大量信息。例如：

- 特定元素的发射和吸收波长揭示了其内部结构的秘密，同时也可以作为独特的谱线识别其他地方（如遥远的星系）中的相同元素。
- 意料之外的谱线可能是新发现的先兆，人们甚至可以通过它发现新的元素（1868年，氦就是这样被发现的）。
- 当物体处于运动状态（并受多普勒效应影响）或处于强重力或强磁场的影响下时，谱线的预期波长会有所变化，从而揭示物体的状态。

① 弛豫：在某一个渐变物理过程中，从某一个状态逐渐地恢复到平衡的过程。——编者注

波

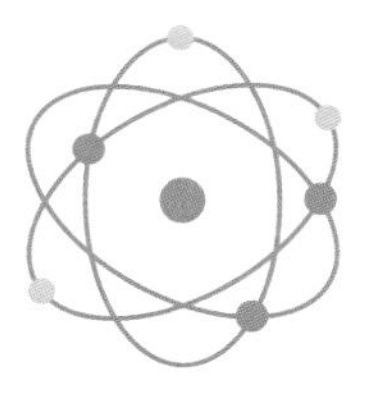
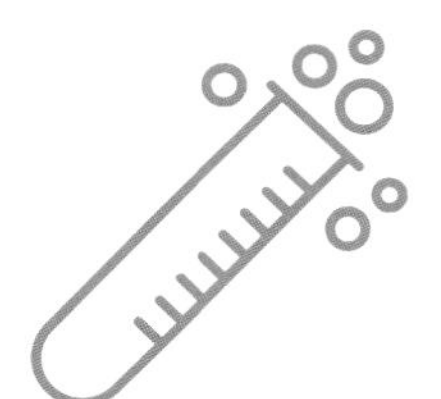
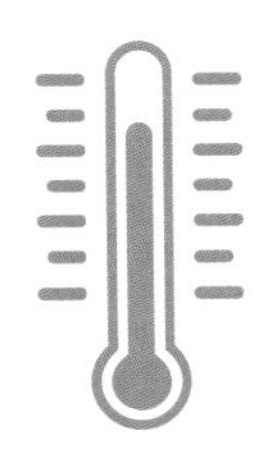

波的类型

波是将能量从一处转移到另一处的扰动，一般（特殊情况除外）需要通过空气或水等传播介质。

横波

我们最熟悉、最容易理解的波是横波，其介质的物理扰动方向与波的整体传播方向垂直。在横波（譬如水波）中，被扰动的粒子在波的行进方向上位置不变，但它们在横向上的暂时中断会将能量传递给与其相邻的粒子。

横波的例子有：

- 水波。
- “二次”地震波。
- 光波。

纵波

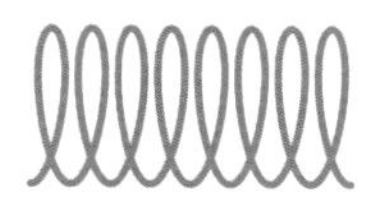

自然界的许多波实质上是纵波，其干扰平行于波的传播方向。纵波是介质粒子被不断挤压再稀释（拉伸）的连续区域。

纵波的例子有：

- 声波。
- “一次”地震波。

共同性质

所有的波都是由一组基本性质来定义的。

- 波长：连续的“波峰”或“波谷”之间的间隔。
- 波速：波经过一个任意点的速度（以赫兹为单位）。
- 振幅：相对于介质的平衡状态，波产生的干扰的强度。
- 波数：一个特定的单位距离中波的数量，在某些计算中有用。

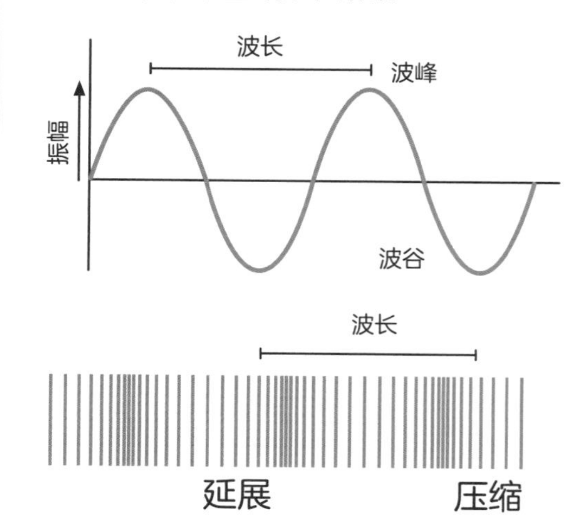

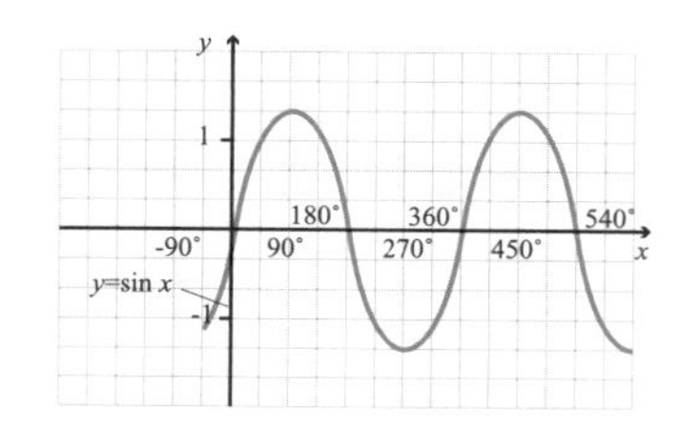

正弦波

自然界中的许多波都遵循简单的数学正弦波的形式，使波“恢复”平衡的力随着波与平衡位置的相对位移增加而增加。波的位移接近最大值时波速变慢，波通过平衡点的一瞬间波速最快。

干涉

当波相互重叠时，它们分别引起的干扰会相互叠加。某些地方干扰会增强，而在另一些地方干扰会抵消。这一现象，在人们发现光的波动性的过程中起到了关键作用。

水波

在水中，我们很容易看到干涉的效果：将两块石头同时投掷到同一个池塘中，水面会形成两个波峰和波谷交替出现、向外扩散的涟漪。

在两个波峰或波谷相互交叉之处，波的整体高度或深度会增加；但波峰和波谷重合时，它们就会相互抵消，此时水面开始平静。

波纹水箱

1800年左右，医生托马斯·杨（Thomas Young，1773—1829）发明了一种浅浅的水箱，可用于研究许多不同类型的波的行为。至今，波纹水箱仍被广泛用作教学辅助工具。

杨氏的突破

- 惠更斯模型：波仅仅存在于它们完美地叠加增强之处。✗
- 杨氏模型：除了相互抵消之处，波无处不在。✓

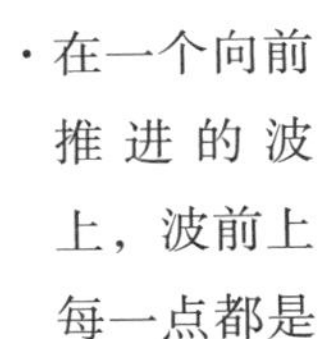

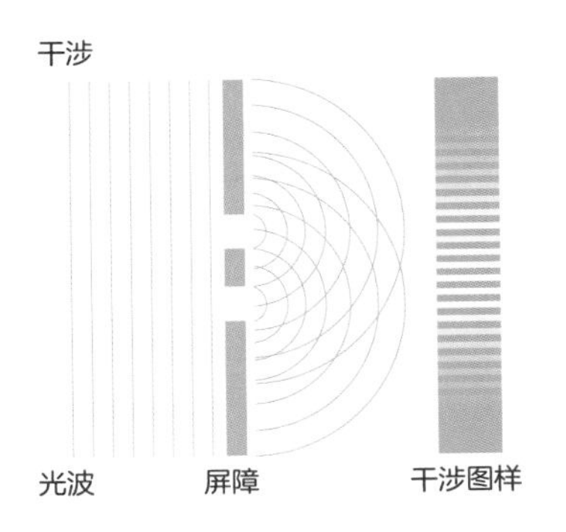

惠更斯原理

荷兰物理学家克里斯蒂安·惠更斯（Christiaan Huygens，1629—1695）认为光是一种波。1690年，他提出了一种对光（及其他波）的效应进行建模的有效方法：

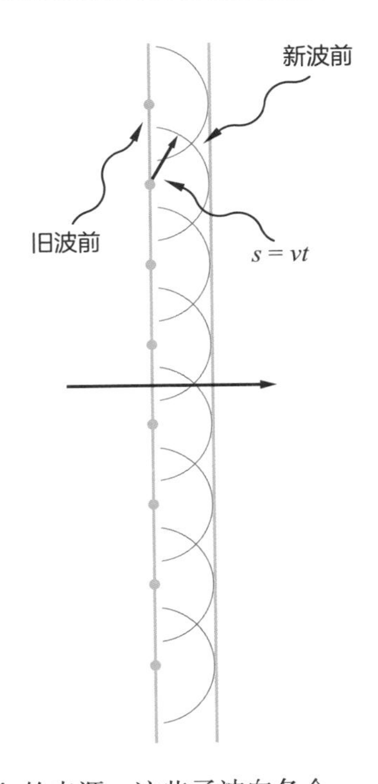

- 在一个向前推进的波上，波前上每一点都是新的“子波”的来源，这些子波向各个方向扩散。
- 重叠的子波会在几乎所有方向上相互干扰及抵消。
- 重叠的子波相互叠加增强的轴线决定了波前的运动方向。

驻波与谐波

我们对波的直观印象是它正在向某个方向行进，在空间中传递能量。然而，如果传播介质以某种方式受到限制，波可以掉转回头，由此形成驻波。

谐波

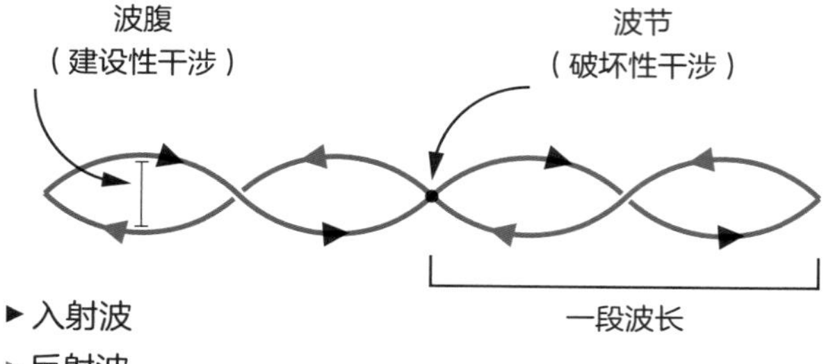

当波的传播介质受到限制时，它只能允许特定波长的波通过，称之为谐波。

- 当谐波到达介质的末端并发生反射时，反射波会继承原先的波形，从而产生与入射波呈完美镜像对称的反射波。
- 在合并的驻波①中，一些被称为波节的点不会移动，固定在原有位置；而其余的点则会上下或来回振荡。
- 当不同长度的非谐波反射到自身时，会受到干扰而迅速分解。

音乐和声

根据古希腊著名的传说，哲学家毕达哥拉斯在听到不同重量的锤子敲击铁砧所产生的不同音调后，发现了谐波的基本模式。实际上，毕达哥拉斯及其追随者的实验使用了不同长度和重量的弹拨弦。两个谐波之间的间隔被称为“八度”，八度之间可以插入一连串不同的频率，构成音阶。

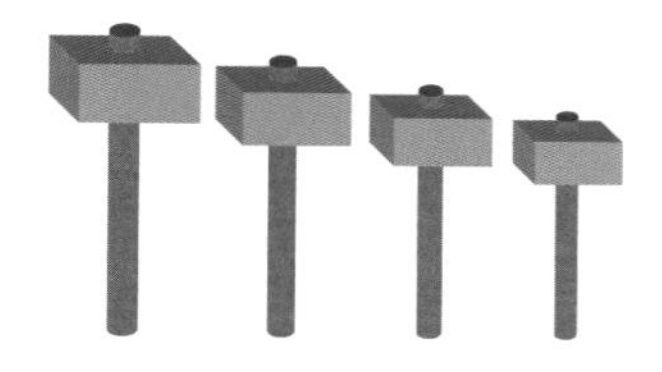

谐波波长

简谐驻波的波长与振荡介质的长度（L）成比例。

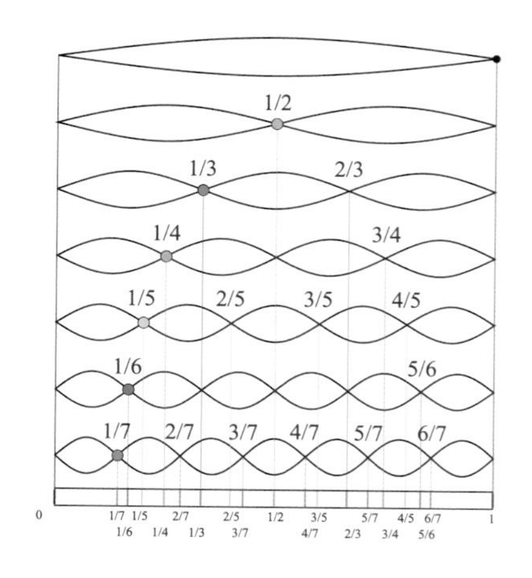

音乐中的波

音乐变化无穷的关键不仅在于声波的频率（f）和振幅，还在于音色——不同的乐器、人声与演奏风格所产生的复杂波形。

完美的正弦声波只能通过电子合成器生成。

① 驻波：频率相同、传输方向相反的两种波。沿传输线形成的一种分布状态。——编者注

多普勒效应

如今，人们对多普勒效应并不陌生。当警车鸣笛呼啸而过时，我们很容易发现警笛的音高会随距离发生变化。不仅如此，对天文学家和其他物理学家来说，多普勒频移是科学研究的重要工具。

多普勒的预测

1842年，奥地利物理学家克里斯蒂安·多普勒（Christian Doppler，1803—1853）指出，当波靠近或远离固定的观察者时，通过观察者的波频会发生微小的变化。他错误地以为，这能够解释星星何以呈现出不同的颜色。

1845年，荷兰科学家白贝罗（C. H. D. Buys Ballot，1817—1890）自己在站台上，让音乐家坐在一节火车车厢中，让他们在火车飞驰而过的时候奏出一个稳定的音符，从而体验到了声音的多普勒效应。

红移与蓝移

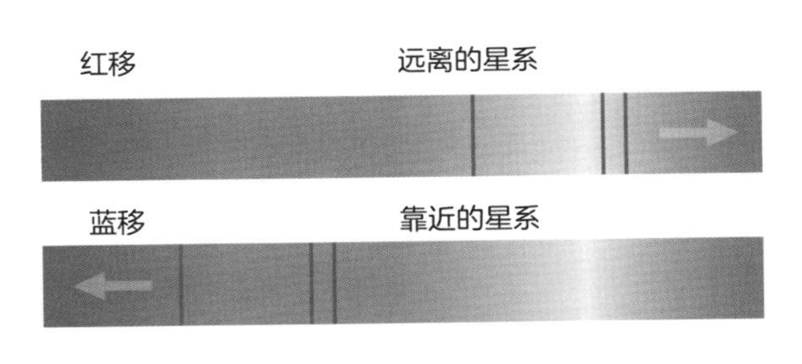

光波的速度和频率极高，因此光的多普勒效应非常小，只有在最极端的情况下才会影响人们可以感知到的物体的颜色。然而，自19世纪以来，天文学家根据多普勒效应的原理测量光谱线（恒星发出的光中特定元素的化学指纹，在特定的波长和频率下出现）的位移。来自后退物体的光会产生“红移”现象，波长变长，而靠近观察者的物体发出的光会产生“蓝移”现象，波长变短。

电磁波

光的衍射与干涉现象表明，光实质上是一种波。但直到19世纪50年代，人们才开始慢慢摸清光波的本质。

麦克斯韦原理

1862年，詹姆斯·克拉克·麦克斯韦提供了证据，证明光是一种电磁波（电场方向、磁场方向与传播方向相互垂直的横波）。

- 麦克斯韦的新发现是受电磁学领域的新进展（尤其是磁场可改变光的偏振这一发现）启发的。
- 电磁波的电场成分与磁场成分交替出现。因此，当电干扰最大时磁场为零，反之同理。这使得波能够自我增强。
- 根据描述电场与磁场强度的自然常数，麦克斯韦计算出电磁波在真空中的传播速度与光速大致相同（光速为299792千米/秒）。

电磁波谱

由于麦克斯韦的电磁波以恒定的速度运动，它们的频率与波长有着极大的相关性，可用如下方程表示：

$$波长=\frac{光速}{频率}$$

频率越高，波长越短；频率越低，波长越长。

麦克斯韦预言，电磁波的范围可以远远超过当时已知的可见光、红外线和紫外线辐射的范围。亨利希·赫兹发现了无线电波，证明了麦克斯韦的理论是正确的。

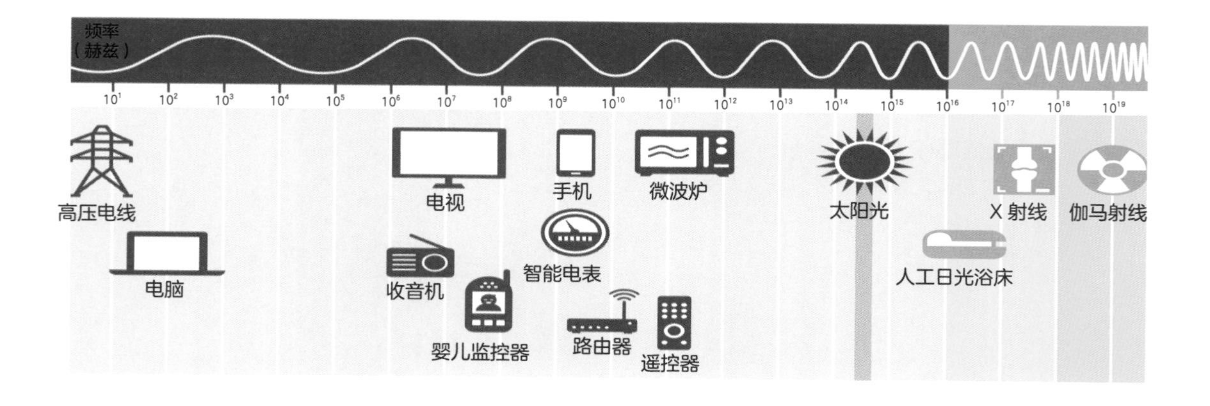

反射

反射现象是指波从一个表面反弹并继续前进。我们最为熟悉的是光的反射，但实际上所有类型的波都有着反射现象。

欧几里得模型

为了理解反射，古希腊数学家欧几里得（Euclid，约前330—前275）定义了一个被称为“入射角”的概念。

入射角是入射光与“法线”之间的夹角（“法线”是经过入射光与反射面交接点的、垂直于反射面的假想线）。

入射角与反射角位于法线两侧，与法线的夹角角度相同。

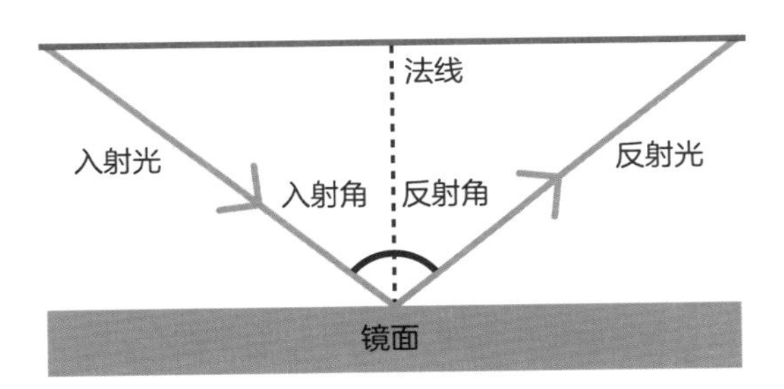

吸收、散射与漫反射

波所撞击的表面的质量决定了反射发生的方式：

- 如果反射面的材料会以某种方式吸收入射波，则反射波的强度及其携带的能量都会降低。
- 如果反射面表面光滑，不吸收入射波的能量，则反射波将保留入射波的大部分“结构”，即并列的入射波反射后依然保持平行。
- 如果反射面的粗糙程度与入射波的大小尺度相当，那么反射过程中波形将遭到破坏，从而形成漫反射，此时入射波的结构不复存在。

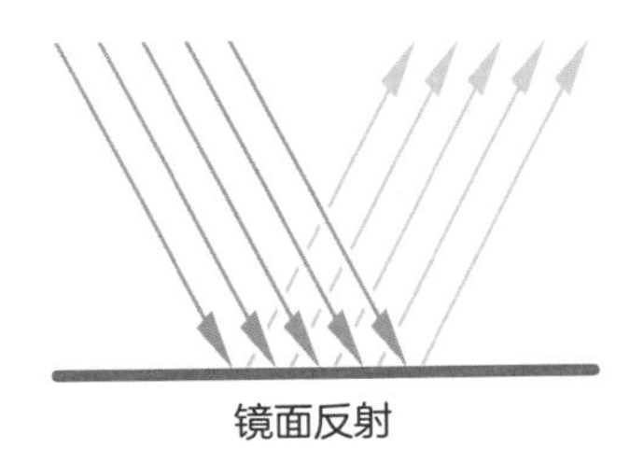
镜面反射

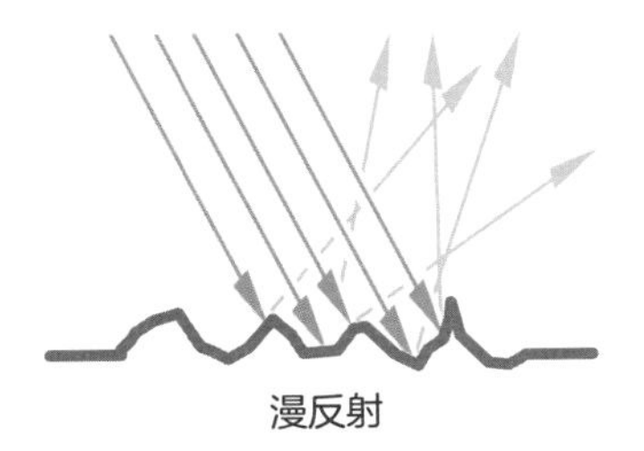
漫反射

折射

折射是指当波从一种介质进入另一种介质时，改变其速度和方向的趋势。这是因为波在不同的材料中传播所需的能量不同。

斯涅尔定律

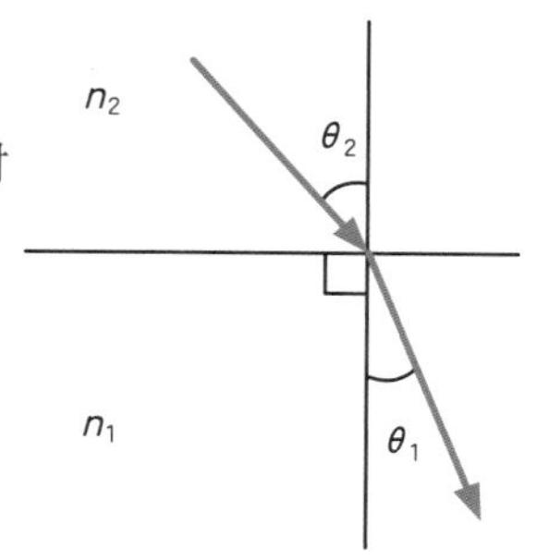

当波从波速大的介质进入波速小的介质时，会朝向法线（经过入射点的与表面垂直的线）偏折。

当波从波速小的介质进入波速大的介质时，会背离法线偏折。

入射角、折射角和波速受斯涅尔定律制约：

$$n_1 \sin \theta_1 = n_2 \sin \theta_2$$

惠更斯的折射模型

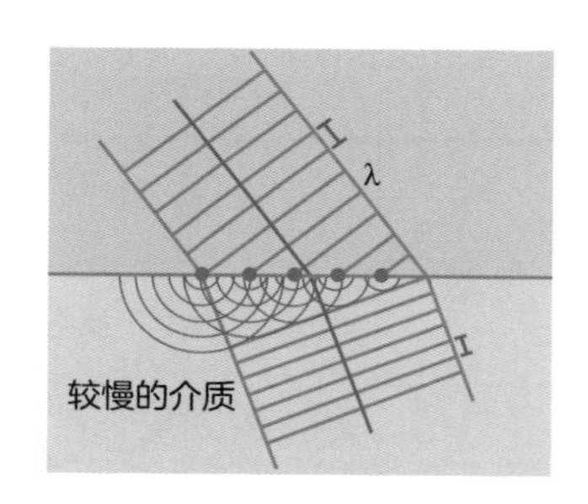

克里斯蒂安·惠更斯的子波模型使我们更容易理解折射过程：

- 除非波前以直角接近边界面，否则波的一部分会进入新介质，而另一部分继续穿过原始介质。
- 沿着波前的最前缘，进入新介质的子波从进入的一瞬间便开始以不同的速度传播。
- 因此，子波增强所沿的轴线会朝向或背离法线偏折。

棱镜

因为折射与波通过不同介质所需的能量有关，所以不同能量（即不同频率）的波的折射情况不同。

就光而言，这意味着波长较短的蓝光比波长较长的红光更容易被折射，我们把这种现象称为色散。

楔形棱镜会放大色散效应，并产生一个较宽的彩虹状光谱。

衍射

衍射是指波在穿过狭缝后扩散并在障碍物边缘“发散”的趋势。

衍射的原理

衍射是波的最典型特征之一。它产生的原因是，在障碍物的边缘造成位移的能量难以遏制，并会与障碍物相互作用，使波扩散开来。

- 在惠更斯的子波模型中，衍射波只是由波在穿过狭缝时最边缘处生成的子波所形成的。这些衍射波自然发散到屏障后“阴影”处不受干扰的空间中。
- 事实上，穿过狭缝的波会产生复杂的干涉效应。这种效应不仅会把衍射波分散到阴影区域，还会改变波本身的模式。波的一些部分会得到增强，而另一些部分会被抵消。
- 衍射效应的强度与相关细节受狭缝的宽度及穿过狭缝的波的波长影响。一般来说，波长越长，则衍射效应越强；当缝隙的宽度接近波长时，衍射效应最强。

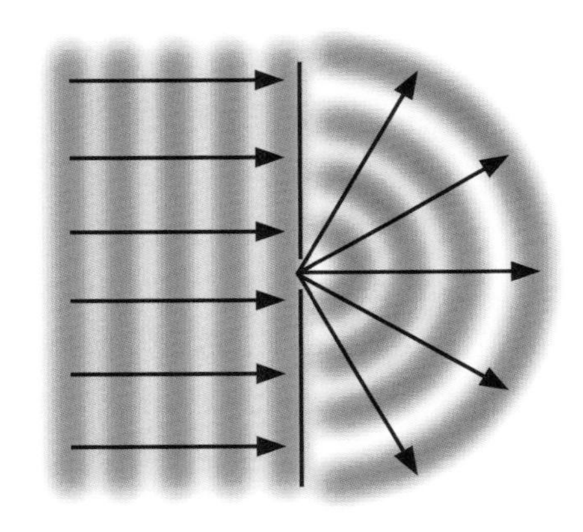

衍射光栅

衍射光栅是一系列细缝或刻有刻度的反射表面，可根据衍射原理分散不同波长的光。衍射光栅在19世纪由约瑟夫·冯·夫琅禾费（Joseph von Fraunhofer，1787—1826）等人改进。改进后的光栅产生的衍射光谱揭示了棱镜无法展现的精密细节，自此以后，一门名为“光谱学”的新学科冉冉升起。

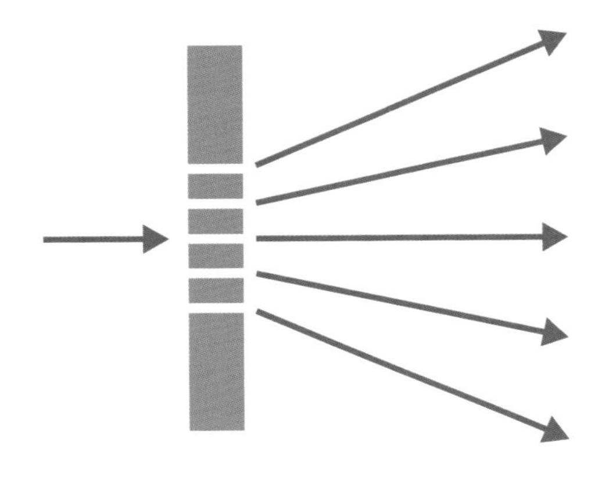

散射

波与环境相互作用时，可能会以不同方式损失能量或改变方向。这种效应被称为散射，在人们研究电磁波（譬如光）时尤为重要。

瑞利散射

这种常见的散射形式发生在光与远小于其波长的粒子相互作用的时候：

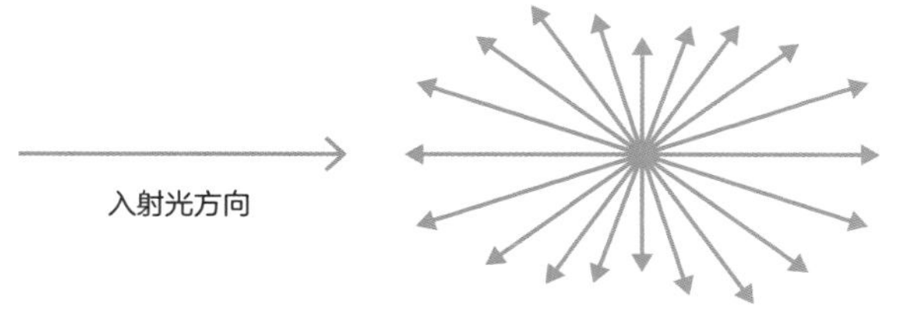

- 诸如空气分子之类的粒子内部有可被极化的电子排布。
- 穿过的光线产生的电磁场会使粒子极化，并以相同频率振荡。
- 分子会发出辐射，但原先的光波除了改变方向以外不受影响。这种类型的散射是弹性的。

在大多数情况下，散射强度与波长的四次方成反比（即随着λ^4变小而增加）。因此，在地球大气层中，蓝光的散射强度远远大于红光的散射强度，这便是天空呈现出蓝色的原因。

拉曼散射

尽管拉曼散射在许多方面与瑞利散射相似，但前者是非弹性的。在拉曼散射中，波通常会损失能量，同时波长会增加。拉曼散射发生在光波正面撞击粒子的时刻：波的部分能量会被转移到分子的振动中，随后这些能量的绝大部分会被再次发射出去。

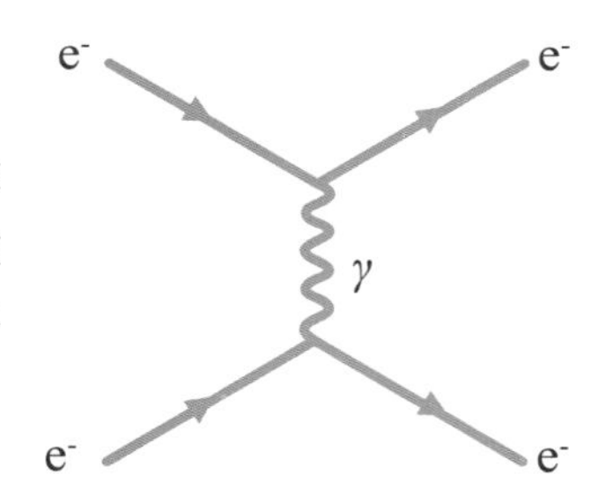

康普顿散射

第三种散射，即康普顿散射，发生在电磁波与带电粒子（如电子）相互作用时。康普顿散射将能量注入电子，并产生波长更长的散射波。

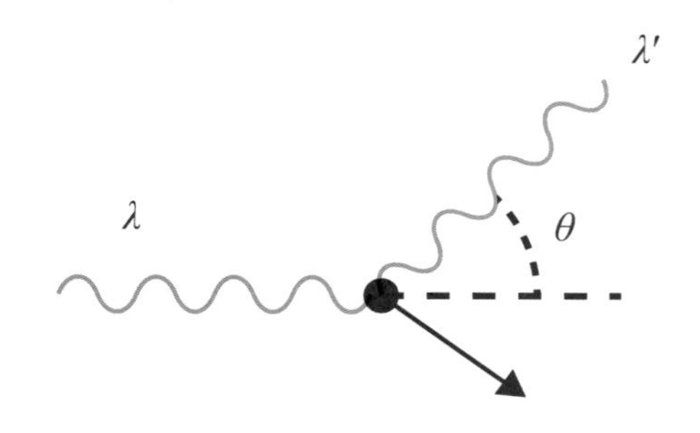

偏振

偏振是光波的一个特殊属性，它指的是横波的振荡平面可以与垂直于横波传播方向的任意方向对齐的特性（即横波能够朝着不同方向振荡的特性）。

偏振的类型

- 非偏振光：光波在许多不同的平面上振动。
- 平面偏振光：光波在一个固定的平面内振动。
- 圆偏振光：偏振平面是弯曲的，随着光波在空间中的运动而旋转。

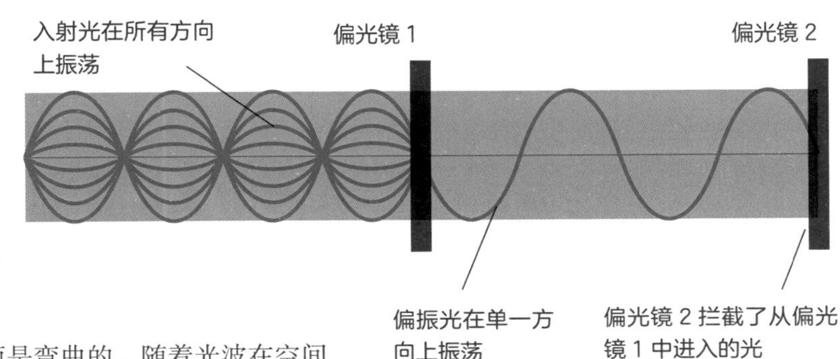

双折射晶体

自然界中发现的双折射晶体有着特殊的结构，其折射率取决于通过其中的光的偏振情况。换言之，在不同平面上振动的非偏振光会以不同的路径通过双折射晶体，从而产生双重图像。

- 据说，维京水手曾使用双折射的“冰岛晶石”观察天空中的自然偏振现象，以帮助导航。

太阳镜与液晶

现代宝丽来滤光片使用长聚合物分子制造出吸收性的偏振滤光片。这些分子可以嵌入薄膜中，以形成永久性的偏振屏（例如太阳镜）；也可以液体形式悬浮，在对其施加电流时，排列方式会发生变化（液晶显示器的原理）。

偏振光的产生

偏振光可以通过几种不同的方式自然形成或人工产生：

- 双折射：将非偏振光束穿过双折射晶体，会产生两束彼此成直角的偏振光。

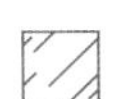

- 反射：一种极性的光可以完美地透过表面，而另一种极性的光则完全无法穿过，从而产生偏振反射。

- 吸收：一个刻着平行不透明线的、结构精细的滤镜，在单一方向上运动，因此只有一种偏振光可以透过。

载波

许多现代技术依赖于电磁波（尤其是无线电波）携带的信号。操纵无线电波并将信号混入其中的过程被称为调制。

振幅与频率调制

调幅（AM）和调频（FM）调制系统以不同方式改变连续变化的模拟载波的属性，从而使其携带信息：

调幅：调整高频载波的强度，以反映携带信号信息的低频波的波形。

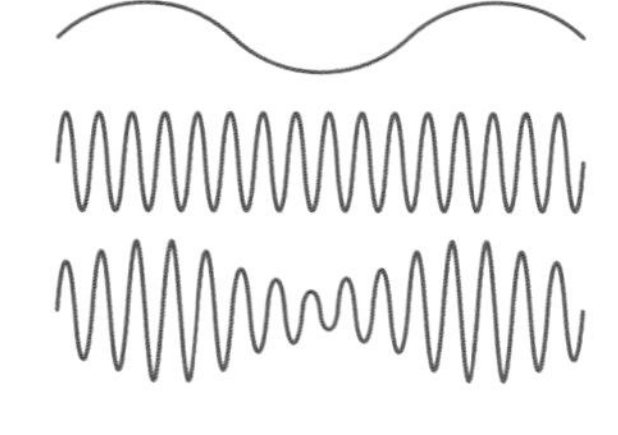

调频：调整高频载波的频率，以反映其携带信号数据的变化。

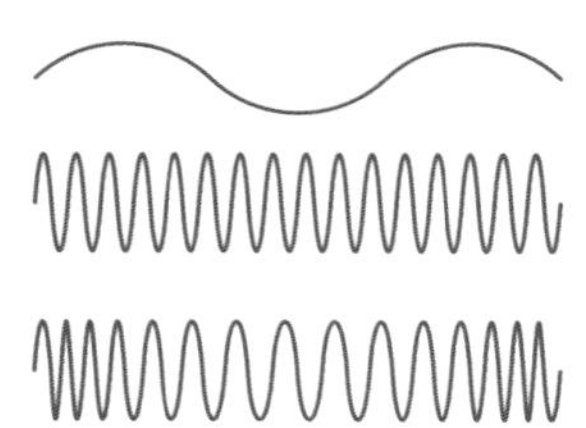

傅立叶变换

为了从调制的无线电波中提取原始的信号数据，工程师使用一种被称为傅立叶变换的数学工具：

$$\hat{f}(\xi)=\int_{-\infty}^{\infty} f(x)\mathrm{e}^{-2\pi ix\xi}\mathrm{d}x$$

这个公式看起来令人望而却步，但实质上，傅立叶变换可以将任何随时间变化的信号分解为一系列带有不同频率的重叠模式，如在管弦乐队奏出的美妙音乐的和弦中识别单个音符。

数字信号

通过现代电子技术，模拟波信号可以通过数字形式传输，而不必通过传统调制：

- 连续对模拟信号的值进行测量或采样。
- 此值根据信号强度的数学精度进行四舍五入。
- 随后，该数字被转换为二进制数字流（0和1），并在被称为“信息比特”的数据脉冲流中传输。
- 接收器可以把二进制数据重新转换为原始信号。

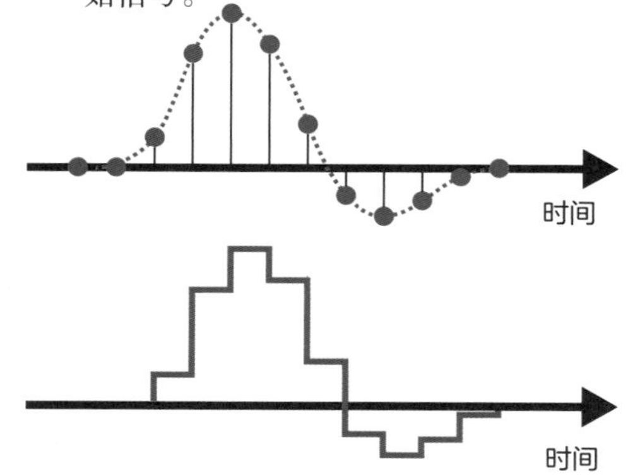

为什么要用二进制？

二进制形式的8位字符串（一个字节）可以表示从0到1023之间的任何数值；两个字节可表示多达65535个值；而n个字节最多可涵盖2^n-1个值。数字方法牺牲了原始模拟信号的细微差别，以换取传输的清晰度。但在当前技术下，采样率和数值范围非常之高，以至于这种差异几乎难以察觉。

光学仪器

光是我们了解周围宇宙最重要的方式之一。人们发明并不断改良各种光学仪器，通过放大或改善图像以揭示更多的奥秘。

简单透镜

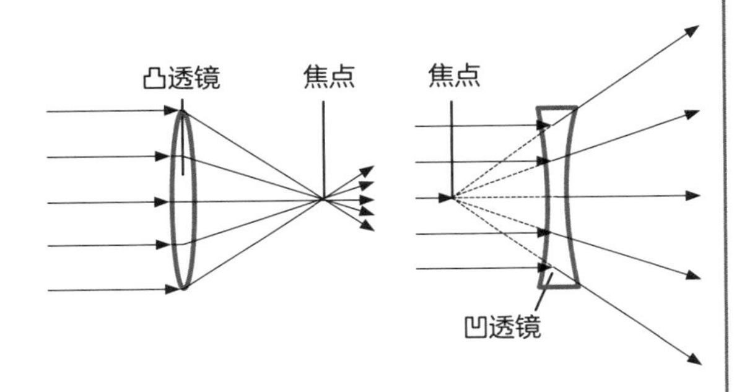

- 透镜的表面曲率以及玻璃的厚度和折射率影响着折射光射入与射出透镜的路径。
- 凸透镜将光线屈折到会聚的路径上，在“焦点”处交叉，然后再次发散。交叉的光线形成了“实像”。
- 凹透镜将光线屈折到发散的路径上。这些光线不会交叉，但看起来像是从透镜后面的焦点扩散的，此时我们称为“虚像”。
- 为便于比较，我们通常用焦距来描述透镜或光学系统的“光功率”。焦距指平行光入射时从透镜光心到焦点之间的距离。

分辨能力

在实践中，分辨能力取决于观察者的视力，但标准测试是对“艾里斑”（Airy disks）的潜在叠加进行建模（艾里斑为围绕一个光点产生的同心衍射图样，即使在最完美的光学系统中也会存在）。

分辨率是由艾里斑的大小决定的，故而一般来说，较大的镜头能提供更高的分辨率，而相对于长波而言，较短的波长能产生更为清晰的图像。

望远镜

望远镜的发明改变了天文学，伽利略的发现更引发了一场科学革命。

望远镜基础知识

望远镜有两种基本类型：基于透镜的折射望远镜和基于镜面的反射望远镜。在这两种类型中，光学元件都可以聚焦来自极远处光源的平行光线。望远镜同时肩负着两个任务，一是收集比人眼接收到的更多的光；二是形成放大的图像。

折射望远镜通过称为物镜的大型前透镜收集光线，并将其屈折到密封暗管中的一个焦点。当光线发散时，它们会被一个称为目镜的较小透镜拦截，该透镜将它们折回成近乎平行的路径进行观察。

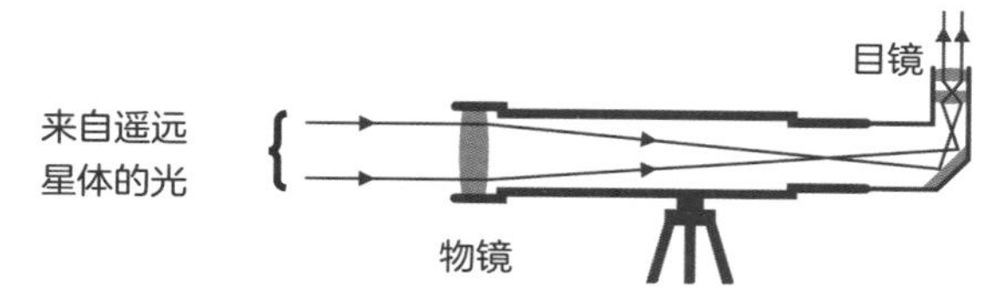

反射望远镜利用位于望远镜后部的曲面镜而不是位于前部的镜面收集光线。光线从主镜反射并汇聚到副镜上，然后再次反射到目镜上。目镜可以安装在望远镜的侧面（牛顿式设计），也可以安装在后面，在主镜上开孔（卡塞格林式以及与其近似的设计）。

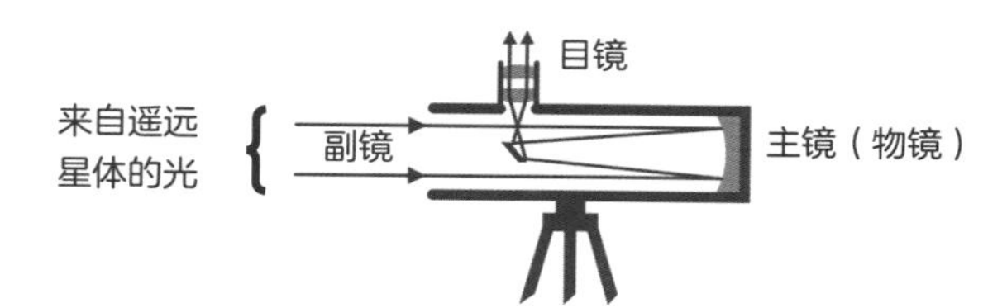

优势与不足

不同的望远镜类型有其各自的优势与不足：

- 带有单个凹面主透镜的望远镜容易产生彩色条纹，我们称其为色差。这种情况可以通过使用复合透镜避免。
- 一个典型的主反射镜的分辨率大约只有相同直径的透镜的一半。
- 若要减少大型透镜的重量，我们需要一个薄透镜，从而焦距会被拉至极长，这意味着镜筒必须设计成不切实际的长度。
- 相较之下，大型反射式望远镜只需要相对较薄的反射镜就可以使它们的总重量保持在可控水平，同时其折叠的光路使仪器的结构更加紧凑。

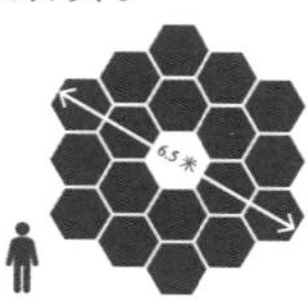

大型望远镜

大型的现代望远镜都是反射式望远镜，通常配有直径至少10米的巨型反射镜，由六边形镜面拼接而成。在计算机的控制下，反射镜的形状可以被精确地调整，以解决成像畸变甚至大气湍流的问题。

显微镜

望远镜能够汇聚来自远处的光线，而显微镜则面临截然相反的挑战：利用来自近距离的微小物体反射的光生成放大的图像。

放大镜与简单显微镜

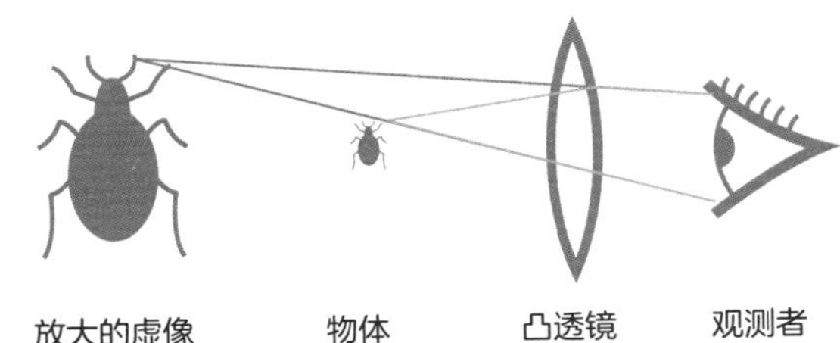

传统的放大镜是具有至少一个凸面的单透镜。玻璃的折射使来自物体的光线发散到近乎平行的光路上，因此能在人眼中形成更大的图像。

放大镜有一个很大的局限性：要实现更大的放大倍率或观察更大的物体区域，就需要一个镜片更厚的、弯曲程度更大的透镜，以实现更大的变形需求。

17世纪50年代，安东尼·范·列文虎克（Antonie van Leeuwenhoek，1632—1723）研制了一种先进的简易显微镜。他使用一个小小的球形玻璃珠作为透镜并把其安装在一个框架上，这个框架可以支撑并移动观察对象。这种显微镜的视野很小，但放大倍率超过了270倍。

复式显微镜

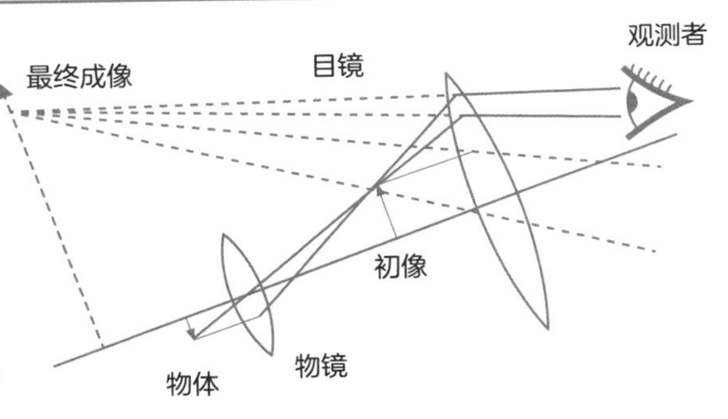

复式显微镜的设计中用到了两个透镜，发明于16世纪初（与望远镜的发明几乎在同一时期）。

- 直径较小的物镜限制了来自样品的光的角扩散，使其保持在相对较弱的水平。
- 物镜将光线导入到显微镜镜筒内部的焦点上，并从该焦点发散开来。
- 尔后，一个比物镜大的目镜将光线屈折，形成放大的图像。一些先进的设计还增加了第三个中间透镜，增强光的折射。

全息摄影

全息摄影是一种新兴技术，它能储存和重建比传统摄影技术蕴含的信息量更为丰富的图像。它的应用领域也不止三维图像的制作。

全息成像

普通照片记录了物体或场景的光线强度，以图像形式投影到胶片或电荷耦合器件（CCD）上。全息图则保存了物体周围的三维“光场”，故而我们可以从不同角度观察图像。

全息图使用感光胶片来保存通过干涉测量法产生的干涉图样。激光束被一分为二，一束直接照到感光胶片即全息干板上；另一束照到被拍摄的目标物体上，当光束被物体反射后，其反射光束也照在胶片上，二者结合，就构成了全息图。

最开始的时候，为了观看全息图像，人们需要用到类似于制造全息图时使用的激光进行照明（反射或照亮胶片）。后来随着技术的进步，“彩虹”全息术问世，人们得以在正常光线下观看这类图像。

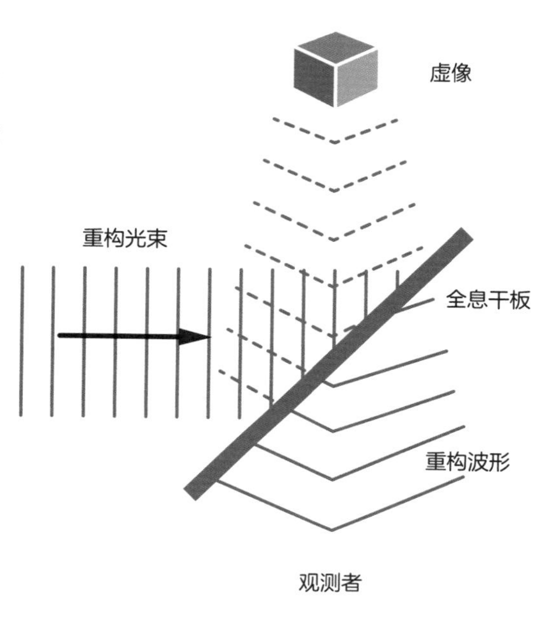

实际应用

· 3D成像：由于被摄物周围的光场是从各个角度记录下来的，因此在全息图中，我们也可以从不同角度观察它。

· 防伪：嵌入了复杂细节的全息图使伪造钞票、信用卡和其他重要文件变得更为困难。

· 先进的光学系统：全息图可用于“记录”复杂光学系统的行为，与图像和光源进行交互，快速处理信息。

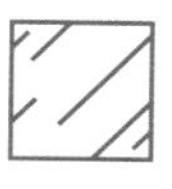

全息数据存储

全息术并不仅仅局限于捕捉现实世界物体的三维信息。干涉测量术可用于存储从不同角度测得的完全不同的图像，而这些图像可能只是由二进制数字1和0组成的密集点阵，从而使得全息图能够存储数字数据。在较厚的感光材料中，不同的全息图可以存储在不同的深度中，这使之成为传统光盘的大容量替代品。

红外线与紫外线

可见光指人眼能够观察到的光，仅仅占据总光谱的一小段。红外线和紫外线是超出人眼视觉极限的电磁辐射。

红外线

红外线辐射的波长比可见光长，相应地，频率更低。为方便理解，我们可以将其视为热辐射：除绝对零度的物体，宇宙中所有物体都能产生热辐射，并把能量从有温度的物体转移到周围环境。

偶然的发现

红外线是由天文学家威廉·赫歇尔（William Herschel，1738—1822）偶然发现的。当时，他正试图通过光谱测量阳光色散后不同颜色对应的温度。赫歇尔发现，当他把温度计放在最红的光以外的区域时，温度计的数值急剧上升。

紫外线

波长：10~400纳米

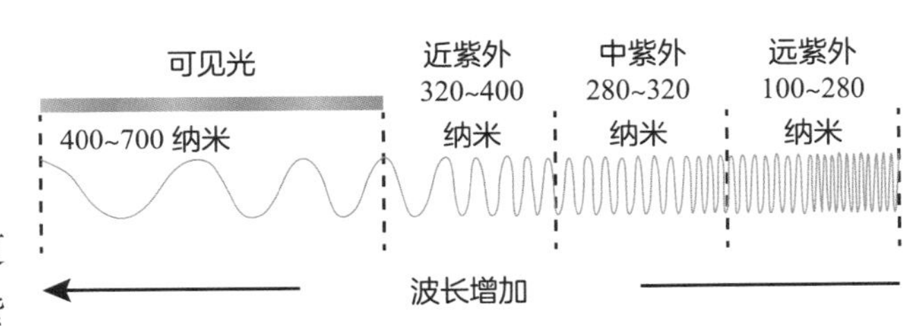

紫外线（UV）比可见光的频率更高，波长更短。波长100~400纳米的紫外线大致分为近紫外、中紫外和远紫外，而波长10~100纳米的紫外线被称为极紫外。

紫外线具有更高的频率和能量，这意味着相对于散发可见光的物体，它是由更为炽热的表面发出的。太阳会产生与其黑体辐射曲线一致的大量紫外线，而温度更高、质量更大的恒星发出的光大部分都是紫外线。

无线电与微波

光谱中超出红外辐射范围的电磁辐射为无线电波。无线电波中波长最短、能量最高的部分有着自身独特的性质，也被称为微波。

无线电波的特性

大多数无线电波的能量较低，这意味着它们可以通过各种不同的自然过程产生，这些过程通常涉及不断变化的电磁场。

波长：大于1毫米。

无线电波对接触到的物体几乎没有影响，但较长的波长使其很难被破坏，可以穿过或绕过大多数障碍物。因此，需要以光速发送信号时，无线电波是一个理想的选择。

无线电技术

无线电发射器本质上是一根长天线，高频交流电在其中发送上下振动的电子。

无线电接收器有可调谐的“谐振”电路，自身带有天线。当指定频率的无线电波经过时，电子将在天线中振动，从而产生复刻出原始信号的电流。这种功能可用于重构声波、图片或数据。

微波

波长：1毫米~1米。

微波是能量最高的无线电波，具有独特的性质。

- 微波与物质有更多的相互作用。例如，微波炉将微波“困”在孤立的腔体中，使食物中的分子发生振动，从而加热食物。
- 微波可以作为高度定向的波束传输，但它会被大型障碍物阻挡，只能进行视距传播。
- 微波是在名为磁控管的设备中产生的。磁控管使电子沿着螺旋形的路径运动并形成电流，与电磁场相互作用，产生微波频率的振荡。

X射线和γ（伽马）射线

紫外线之外是能量最高的辐射形式，它们频率最高，波长最短，功率大到可以穿透大多数材料。这便是X射线和γ（伽马）射线。

X射线

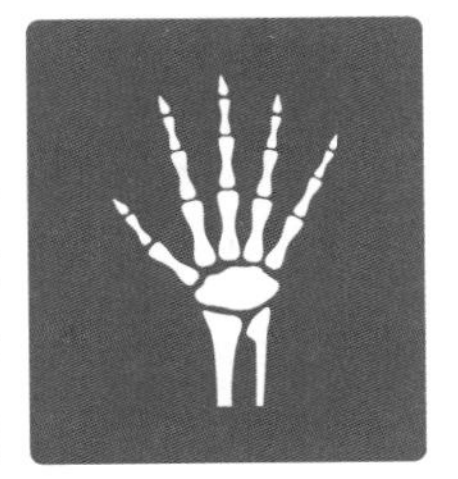

在恒星大气层和星系际空间里，有着温度高达数百万度的气体，这是宇宙中最热的物质；X射线就在此间诞生。X射线的穿透性辐射会对生物体造成损害，万幸的是，地球大气层阻挡了来自太空的X射线。而在地球上，X射线只能通过人工手段产生（通常使用高压真空管）。

X射线的应用主要有：

- 射线照相法：利用X射线的穿透力来研究物体结构和生物的内部构成。材料的密度越大，吸收的X射线就越多，穿透至照相底片或探测器后方的X射线就越少。
- 晶体学：X射线射入各种固体后会发生衍射。物体内部分子间的空间可以充当衍射光栅，由此可以分析出蛋白质等物质的结构。

γ（伽马）射线

γ（伽马）射线可通过原子核的放射性衰变过程释放（这是不稳定的原子核释放能量的一种方式），还可通过诸如超大黑洞和大质量恒星的死亡等剧烈的宇宙现象释放。这种射线可以直接穿过大多数物质，但会被地球厚厚的大气层吸收。

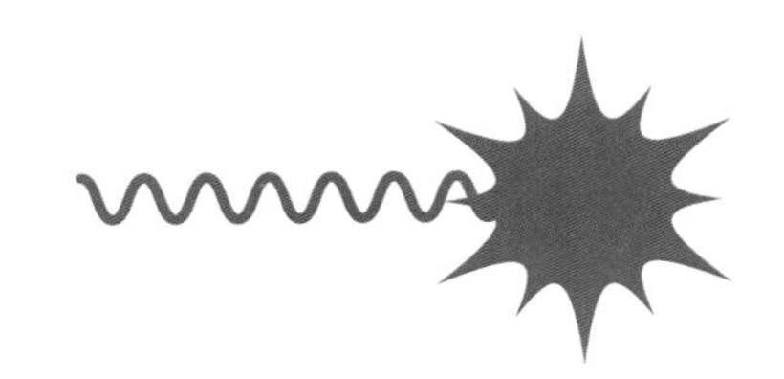

γ（伽马）射线地面观测站的主要任务是寻找粒子簇射，这是γ（伽马）射线罕见地直接撞击大气中的气体分子时所形成的。

天基望远镜使用高密度材料制成的“编码掩膜”，将其阴影投射到γ（伽马）射线探测器的网格上，从而揭示γ（伽马）射线源头的方向。

X射线的发现

X射线是威廉·伦琴（Wilhelm Röntgen，1845—1923）于1895年发现的。当时，伦琴正在进行一个实验，其中用到了一种类似阴极射线管的电子真空管。高压产生的高能电子撞击到电子管的其他部分并释放出X射线；这些射线能直接穿过障碍物并在附近的照相底片上形成“灰雾”。

波和粒子

尽管光和其他形式的电磁辐射通常表现为波的形式，并能产生与其他类型的波相同的现象，但它们的某些行为只能用粒子的特性来解释。

“光包”

许多与电磁辐射有关的过程都会发射或吸收少量的光，这些光有着与这些过程相关的单一波长与频率。1905年，爱因斯坦提出，这种以微小单位或“量子”形式呈现的光不仅是电磁辐射过程的副产品，还是光本身固有的一个方面：光具有波的特性，但是是以小包的形式发出的，现在我们称为光子。

爱因斯坦的猜想掀起了量子物理学革命，但对于光本身，这又意味着什么？

光子的能量

波长为λ的光子携带少量能量E，由以下公式算出：

$$E = hc/\lambda$$

其中，c为真空中的光速，h为普朗克常量。

若以f表示频率，上式也可以写成$E=hf$。因此，光子频率越高，传递的能量便越多（同理，需要使用更多的能量来产生频率较高的光子）。

光子的特性

尽管光子通常被描述为一阵阵“迸裂”的小波，但实验证明，我们最好将它们视为单个孤立波或“孤子”。看似连续的光波流实际上是由联翩而至的光子组成的。

单个光子由电场和磁场中的正弦式干扰组成，电场、磁场与传播方向相互垂直（参照麦克斯韦原理）。

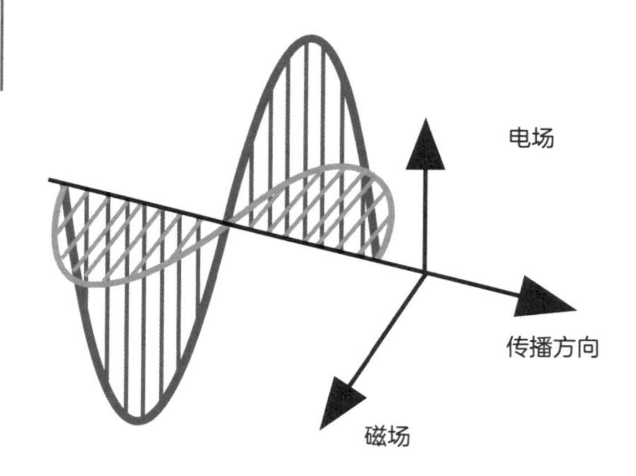

在没有环境因素造成能量损耗的情况下（如在空旷的真空中），垂直的电场和磁场会不断再生并彼此强化，从而使光子的射程无限远。

热力学

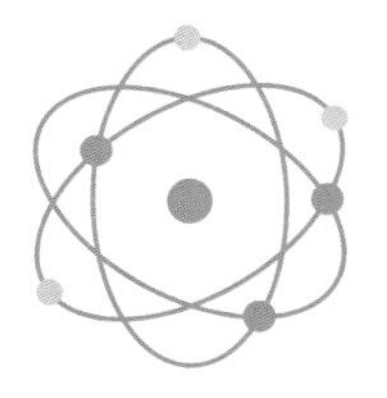
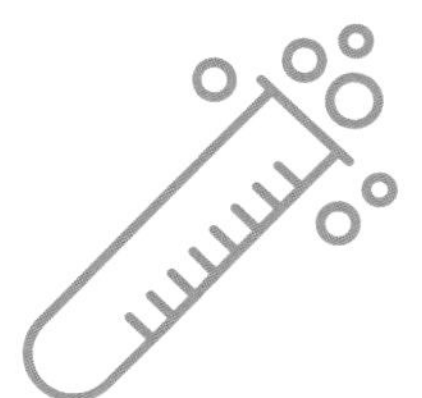
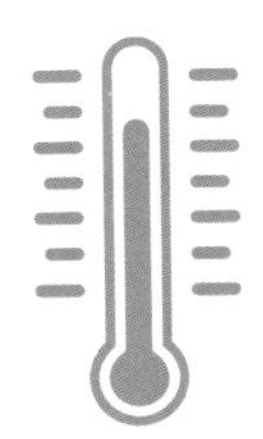

能量的形式

能量有着各种各样的形式，这是理解宇宙中每一个物理过程的基础。研究能量及其传递方式的科学被称为热力学，是物理学下属的一门专业学科。

能量与温度

物理学涉及各种形式的能量。物体的温度只是其分子动能的量度，这种能量很容易通过各种过程转移到周围的环境中。

绝对零度

随着物体冷却，物体内部粒子的动能下降。如果温度降到足够低，粒子会停止运动，动能也随之降为零。对宇宙万物来说，这个极低的温度是相同的，我们称为绝对零度，它是物体理论上可能达到的最低温度（零下273.15摄氏度）。

热与热力学

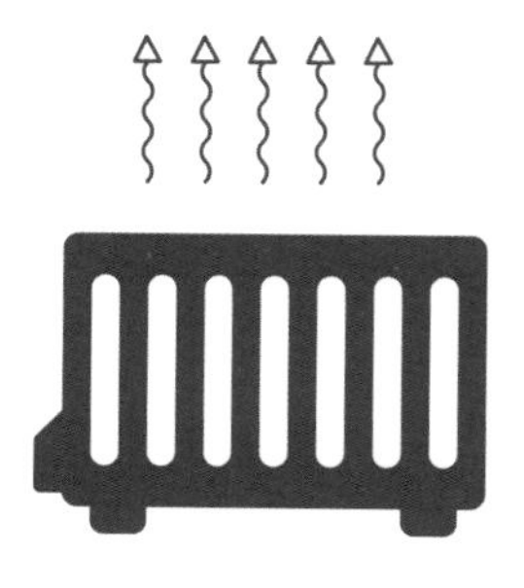

我们称为“热”的神秘特性是在系统（孤立或自给自足的一个或一组物体）之间运动的能量。热力学致力于研究热以及热的运动与传递。

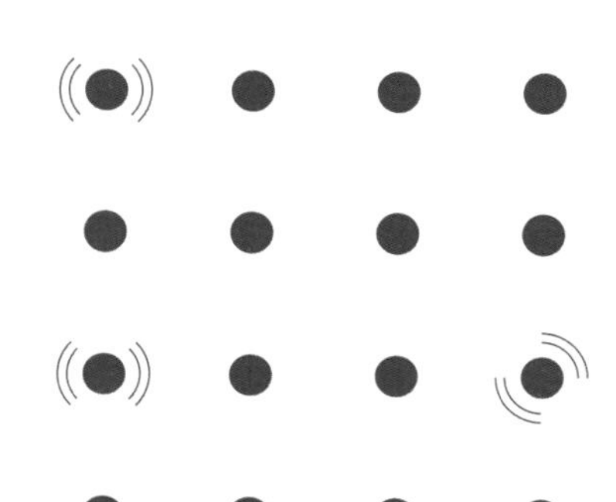

我们对某种物体冷热程度的感受，是对其温度（物体中粒子的动能）的衡量，也是对其散发或吸收热量倾向的衡量。

物理学家对“热”的精确定义为在满足以下两种条件的情况下被转移的能量：

- 物体没有宏观位移（因为这类运动不涉及热传递，只是将一定温度的物体从一处移动到另一处）。
- 没有能量做机械功（因为这种功会造成能量的损耗并将其转化为其他形式，从而无法用于加热其他系统）。

温度的测量

物体的温度是其内部粒子平均动能的体现。我们可以用各种技术测量温度，并以不同的温标反映温度的高低。

温度的测量

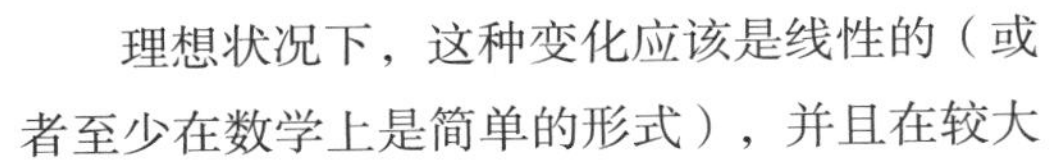

科学家们使用大尺度的、具有宏观特性的仪器和材料测量温度，这些宏观特性的变化反映了物体内粒子动能的变化。

理想状况下，这种变化应该是线性的（或者至少在数学上是简单的形式），并且在较大的温度区间内都遵循相同的规则。

譬如，对水银温度计而言：

- 玻璃泡中的液态金属（由于粒子动能增加）在水的冰点与沸点之间匀速膨胀。
- 玻璃泡与周围环境接触使其内部液体加热或冷却。
- 随着水银的膨胀和收缩，细水银柱的高度会产生相应变化。

温标

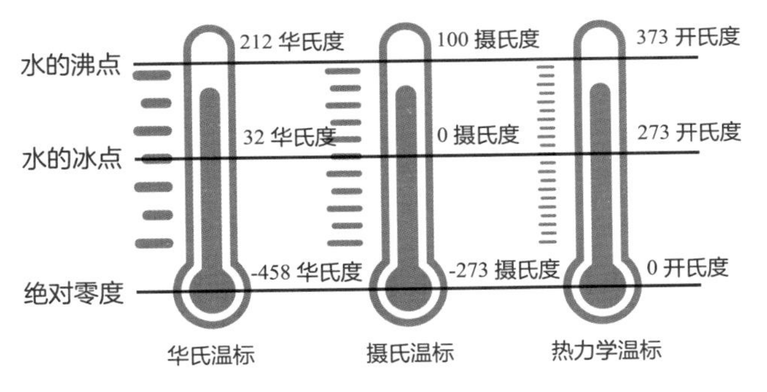

在规定的温度区间两端记录测量设备的特性，再将两点间的距离等分并建立刻度，依此制定温标。

常见的温标[①]：

- 华氏温标：设定水的冰点为32华氏度，沸点为212华氏度，中间等分为180份。0华氏度是等量的水、冰和盐的混合物的冰点。
- 摄氏温标：设定水的冰点为0摄氏度，沸点为100摄氏度，中间划分为100等分。
- 热力学温标：又称开尔文温标。使用与摄氏温标相同的间隔，但将0开氏度设定为绝对零度。

其他温度计

尽管大多数温度计的原理都是材料随温度升高而产生物理膨胀，但也有其他方法测量温度：

- 电子温度计通过测量特定材料的导电或抗电能力的变化测量温度。
- 高温计和辐射热测量计通过接收物体发出的辐射测量其温度。

① 这些温标为非正式定义。其官方定义要严格得多。

热传递

热可以通过三种截然不同的方式在物质内部与物体之间传递，即对流、传导和辐射。

对流

对流是高温物质在低温环境中的整体运动。

- 由于较冷的物质往往密度较大，而较热的物质密度较小，后者将（在均匀的物质中）穿过较冷的环境上升。
- 如果某物质从下方被加热，较冷的物质会移动下来，取代上升的较热物质的位置，其本身也会被加热，如此便形成了对流单元。

传导

传导是通过微观尺度上粒子之间动能直接转移而产生的热的运动。

- 快速运动的高温粒子与速度较慢的低温粒子碰撞，前者会转移部分动能至后者，使得低温粒子运动的剧烈程度增加，温度上升。
- 然而，这些粒子会停留在相同的相对位置，不会在导热介质中移动很远。
- 由于温度较高的粒子在此过程中会损失一些动能，导体的整体温度会趋向于均匀化，除非某种热源持续提高导体一端粒子的动能。

辐射

辐射指通过电磁射线传递热量。

- 所有由普通物质构成的物体都在不断地吸收周围环境的辐射（这使得物体温度升高），同时也在持续地向外发射热辐射。
- 发射的辐射的波长和能量随发射物体的温度而变化，但大多数物体的热辐射都集中在光谱的红外区域。
- 与其他形式的热传递不同，辐射可以在真空（例如太空）中发生。

熵

在热力学中，“熵”与“焓”这两个相关性质描述了热力学系统内部和系统之间能量分布的变化方式。

焓

焓（用H表示）是系统的总能量，它是各种不同形式的能量的结合：

- 粒子的动能。
- 各种势能。
- 创建系统所需的能量。
- 改变周围环境所需的能量。

热力学主要关注焓的变化：

- 若某个过程向系统中添加能量，我们称这个过程是吸热的。
- 若某个过程从系统中移除能量，我们称这个过程是放热的。

无用能

理论上，我们可以设计出一种理想的完美机制，利用粒子动能或热能的差提取机械功。

然而，从系统中提取出所有的能量是不可能的。一定量的热能始终无法用来做功，这便是系统的熵（用S表示）。

熵通常被解释为微观尺度上对系统内部混乱程度的度量，即能量在微粒之间分布的均匀程度，也是系统中无用能的度量。

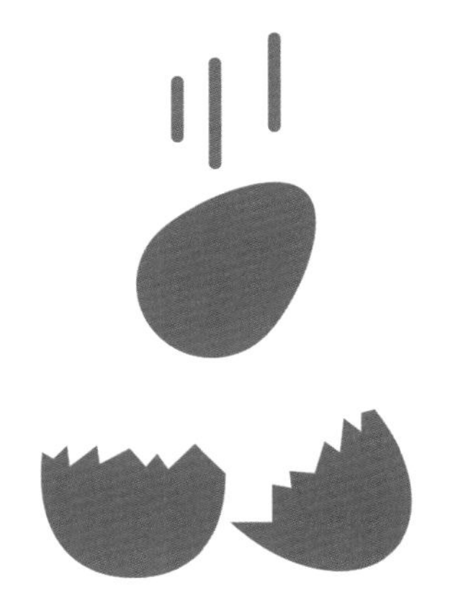

自由能

以下两个方程描述了在不同情况下可用于做功的能量：

- 亥姆霍兹自由能F，即在等温等容的情况下，系统可做的功。

若T为系统的绝对温度（以开尔文为单位），则：

$$F = U - TS$$

- 吉布斯自由能或自由焓G，是指在等温等压的情况下，系统做非体积功的最大限度：

$$G = U + pV - TS$$

或

$$G = H - TS$$

热力学定律

四条定律支配着系统的热力学行为——实际上，它们对整个物理学甚至宇宙的未来都有极其深远的影响。

四条定律

第零定律：如果两个物体分别与第三个物体处于热平衡状态，那么这两个物体彼此之间也处于热平衡状态。这是最基本的定律，但在其他定律之后才被发现，因此它被赋予了首要的位置与特殊的名字。

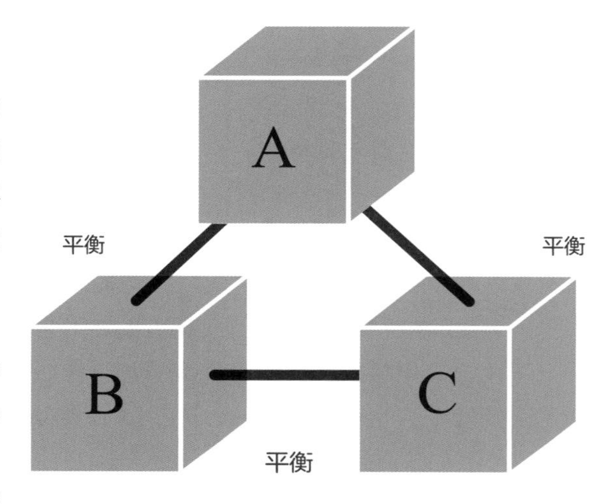

第一定律：热和功都是能量传递的形式。如果热量向外传出（系统对外做功）或向内传入（外界对系统做功），封闭系统的内能就会改变。

这一定律表明，永动机的梦想永远不可能成真，因为从一个系统中提取任何功都必然导致其能量下降。

第二定律：封闭系统的熵永远不会降低，除非外界对其做功（并消耗能量）来阻止它，否则系统将朝热平衡方向发展。

这一定律通常被概括为“熵增定律”。它还为物理定律提供了方向性，即“时间之矢”，这为许多现象提供了解释。

第三定律：只有在温度接近绝对零度时，系统的熵才会接近一个常量。换句话说，当所有粒子的动能下降到零时，无序状态就会消失。

在这种情况下，熵的最小定值是不同的。在晶体和其他有序结构中，这个值为零；但在无序的材料中（如玻璃），即使在绝对零度下，系统内也可能残存一些剩余熵。

宇宙的命运

热力学第二和第三定律共同决定了宇宙的可能命运（假设没有其他力量的干预）。由于无法从外部提供能量来逆转这个过程，宇宙中的熵不可避免地增加。在无数粒子的温度趋于平均并降至绝对零度的过程中，我们的宇宙慢慢地冷却，走向“热寂”。

热容

为两种不同的材料提供相同的热量，它们升温的程度却可能不一样。这是因为它们的“热容”不同。

加热材料

不同材料的内部结构各异，对热也有着不同的反应方式；而这影响到提供给材料的热能转化为分子平动动能的多少，后者以温度衡量。

材料的内部结构越复杂，其“自由度”就越大，热能的去向也就越多：

氦气等单原子气体是由自由运动的原子构成的，因此，向其提供的热能将直接促使原子运动，气体会迅速升温。

在氯气等更复杂的双原子气体中，热能也可以被原子间键吸收，使其振动或旋转。因此，向相同数量的粒子提供同等的能量，双原子气体升温幅度较小。

具有更复杂结构的液体和固体对热能的反应方式不同。尽管金属内部存在着许多键，但它们受到严格的限制，因此，金属固体往往会迅速升温。

水由于其相对复杂的分子结构和分布广泛的分子间键，具有许多不同的自由度。因此，水在吸收大量的能量后温度只会发生微小的变化。

热容的测量

我们用“热容”来描述材料对加热过程的反应。为了便于比较，常用以下两种方式来测量热容：

· 比热容：使质量为1千克的材料的温度提高1开所需的热量（单位为焦耳）。

· 摩尔热容：使含有1摩尔原子或分子的材料的温度提高1开所需的热量。

比热容在工程学和日常生活中的用途更为广泛，但通过摩尔热容，我们能更加容易地理解材料内部单个粒子对热的反应。

物质状态的改变

虽然向物体或系统添加或从中移除热能通常会导致其温度的升高或降低，但情况并非总是如此。有时，注入的能量会被用于破坏化学键，化学键的重组也可以释放能量。

相变

当某种材料的状态（原子或分子的大规模排列形式，最常见的是固态、液态与气态）发生改变时，我们称其发生了相变。

当影响材料的环境和条件发生变化，不再支持其现有的状态，而是更适合于另一种状态，相变便会发生。

相变涉及原子或分子之间的键的大规模重组。键的断裂通常需要能量的注入，这个过程是吸热的；而键的生成则能释放能量，这个过程是放热的。

因此，相变过程会吸收或释放大量的热能，物质的温度却保持不变。吸热的相变导致熵的增加（断键是热力学功的一种形式），而放热的相变使熵降低。

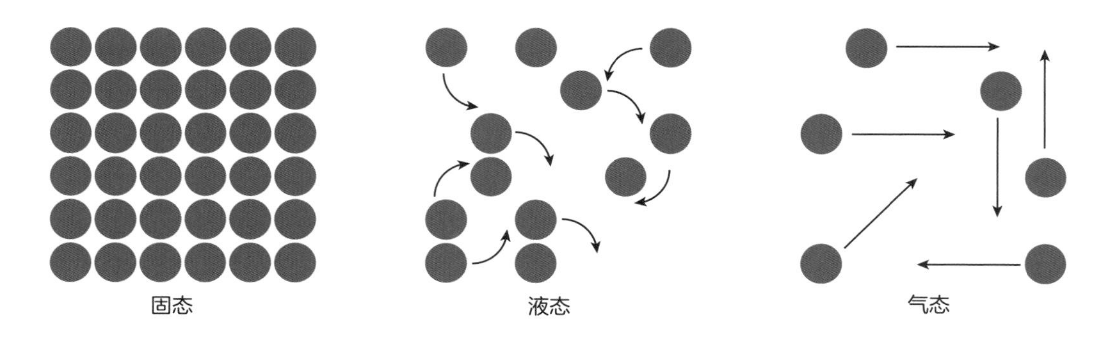

潜热

相变过程中吸收或释放的能量称为该过程的潜热或焓。潜热是指在一定量的材料中断裂或形成键所吸收或释放的能量，单位为焦/千克（比潜热）或焦/摩尔（摩尔潜热）。

热机

热力学的发展起源于人们对理解蒸汽机运作背后的物理原理的强烈渴望，而更为通用的“热机”的运作原理依然可以帮助我们理解热力学过程。

热循环

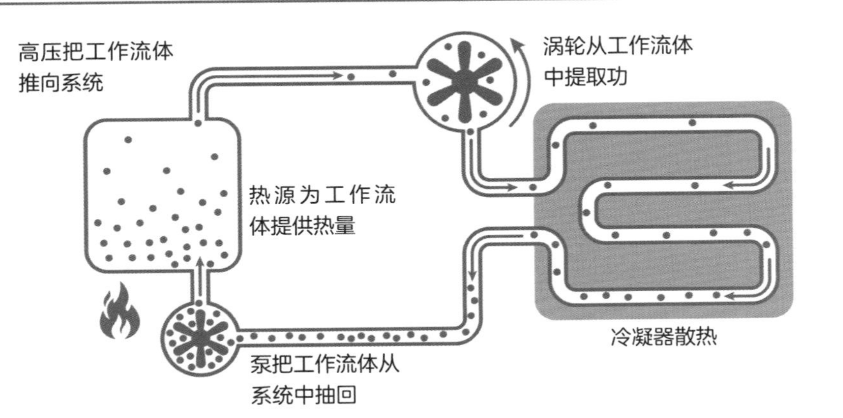

正如尼古拉·萨迪·卡诺（Nicolas Sadi Carnot，1796—1832）在19世纪20年代首次定义的那样，热机是将热能转化为机械能的一切热力学系统。热机的大多数例子，都是利用了工作流体在重复的“热循环”中不断变化的温度：

- 工作流体（液体或气体）被加热。
- 流体产生的能量被用来做功。
- 多余的热量排入低温“散热器”。
- 工作流体恢复到初始温度并被重新加热。

与热机相反，热泵是一种利用机械力将热量从系统的某部分输送到另一部分的设备。这也是冰箱和空调的工作原理，即使用某种工作流体，从系统的一部分吸取热量，再将其释放到其他部分。

没有任何热机或热泵的效率能达到100%——热量会不可避免地损耗到泵的组件及外围环境中，从而增加系统的熵。

热机的类型

蒸汽机利用液态水转化为蒸汽时压强的急剧上升将活塞向外推动。骤然的冷却和冷凝会导致压强迅速下降，从而将活塞拉回。

在内燃机中，燃料在被喷入与点燃之前已被汽化。这使得压强/体积的变化程度较小，从而使机器的结构更为紧凑精巧。

电磁学

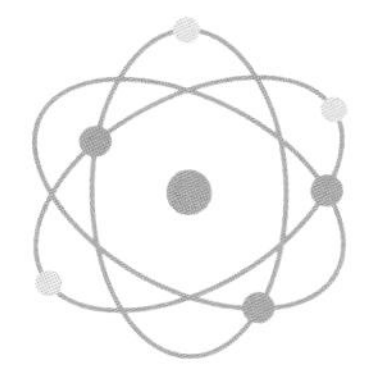
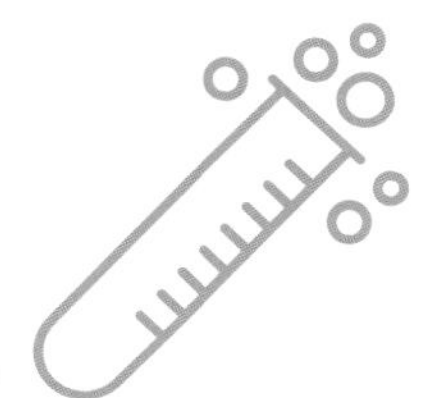
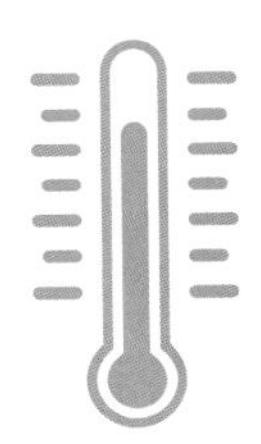

静电

许多亚原子粒子都带有电荷，但大尺度的物质通常是呈电中性的。这些隐藏的电荷在自然界中可以表现为静电。

聚集的电荷

静电是表面上不移动的带电粒子的聚集。当某物引起电子（原子外层中带负电的粒子）在材料之间或材料内部转移时，静电就产生了。

我们称获得电子的材料具有负极性，而失去电子的材料则由于其原子中心残留的未被平衡的正电荷而获得正极性。

这种电荷转移的例子包括：

相互摩擦的特定材料（如琥珀与羊毛、玻璃与丝绸、橡胶与人或动物的毛发）；

风暴云中冰粒子的对流（在云的顶部产生净正电荷，在其底部产生负电荷）。

静电放电

如果电荷不能流走，相反电荷所在区域之间的电场就会变得非常强，以至于影响到中间的空气。电子被从分子中剥离出来，使分子离子化，空气成为电导体，电流在表面之间流动并达到平衡。

- 闪电是大自然的静电放电形式，它发生在云层内部以及云层底部和地面之间。
- 尖锐的物体会聚集电荷，而光滑的表面会分散电荷，从而造成更大的电荷差异。避雷针为电荷提供了阻力最小的路径，从而吸引闪电，保护建筑物。

静电感应

移动的电流和静电荷都会产生电场，因此它们不必直接接触便可影响附近的其他材料。例如，风暴云底部的负电荷会在其下方的地面引起正电荷的聚集。

范德格拉夫起电机使用橡胶传送带在孤立的金属球上人工制造电荷聚集。

电流

电流是带电粒子在导体上从一处向另一处的流动。在电的许多形式中，这是我们较容易利用的一种。

电流、电荷与电压

电流（以I来表示）是指单位时间内通过导体某截面的电荷静转移量（以q来表示）。由于电荷的基本单位（一个电子所带的电荷，以q_e表示）非常小，科学家和工程师习惯使用一个大得多的单位——库仑（C）。

$$1库仑 = 6.24 \times 10^{18} q_e$$

因此，电流的基本单位“安培”（简称安，符号为A）的定义为：

$$1A = 1C/s$$

电场（例如在不同极性的区域之间产生的电场）会在不同位置的粒子之间造成电势差。当电流流动时，电势差会作为电能被释放出来。这种电势差（又称电压）U的单位为伏特（V）：

$$1V = 1J/C$$

我们对电势差做出规定：电性为正的“常规电流”始终从高压流向低压。

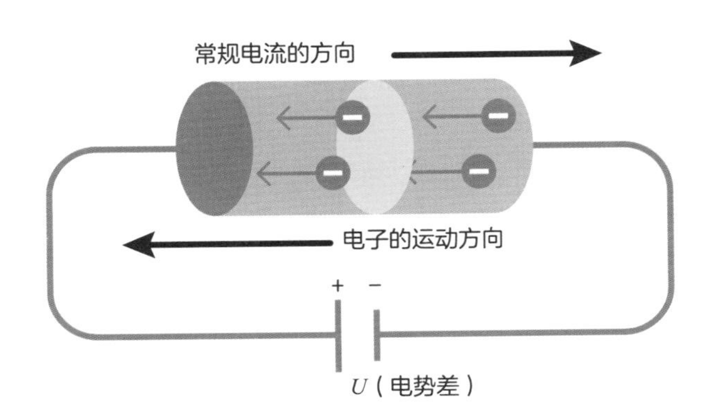

导体

电流是电荷在被称为“导体”的材料中的运动。现实世界中，电流通常是带负电荷的电子的流动（在熔融材料中，也可以是带正电的离子流）。

具有相同电性的粒子相互排斥，而具有相反电性的粒子则相互吸引，因此电子有从负极区流向正极区的趋势。

金属是最理想的导体，因为金属原子结合后，其外层电子会脱落并汇集到一片“电子海”中，使电子可以在固体晶格结构的表面和内部流动。

令人困惑的惯例

尽管大多数电流都是带负电的电子的运动，但长期以来，人们习惯将电流描述为正电荷的运动。

电路元件

一个电路中可包含几个不同的元件，每个元件都会产生一种被称为电阻的效应，减缓电流的速度并减小电流。

电阻

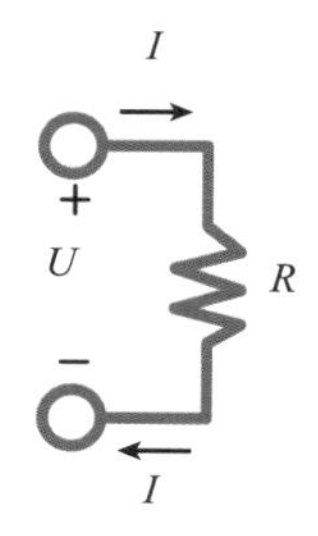

简单来说，电阻是材料对电流流动的阻力。当电荷载体在任意导体中运动时，它们不可避免地与周围环境以及与彼此相互作用，这使得它们的速度降低，并将能量释放到周围环境中。我们可以用力学中的摩擦进行类比。

电阻（R）由欧姆定律定义：

$$R = U / I$$

其中，I是流经一个元件的电流，U是上述损耗造成的电阻两端间的电压降。

电阻的单位为欧姆。电阻极高的材料称为绝缘体。

电导（G）是电阻的倒数。这是一种较少使用的衡量材料导电性能的指标，不用来衡量其电阻的大小。

元件

简单地说，元件是在电路中具有特定任务的电子设备。例如：

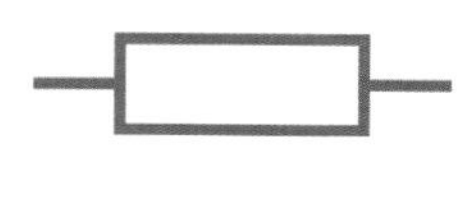

电阻器：被特意放置在电路中以调整某一部分电路的电流或电压差，或者仅仅是为了以热的形式耗散能量。

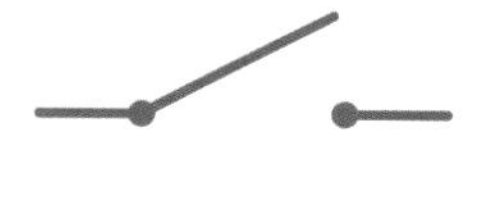

开关：根据其状态阻止或允许电流流动。可以通过手动更改，也可以通过外部因素（例如时钟、恒温器、光传感器等）控制。

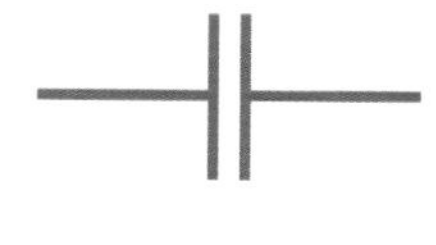

电容器：在两个被绝缘间隙隔开的导电板上积累相反的静电荷，从而将电能储存为电势差。合并两个极板的时候，电容器便会放电。

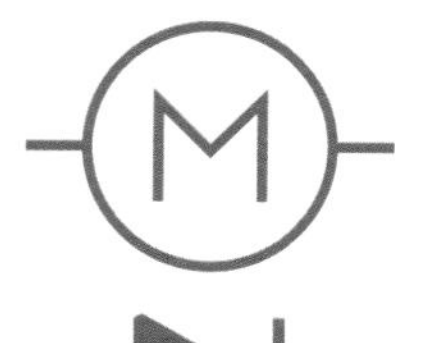

电机：将电能转化为机械能。

二极管：只允许电流向一个方向流动。

电感器：在磁场中储存电能。

磁性

电磁力是自然界的一种基本力,我们熟悉的磁效应只是它的一个方面。磁性和磁场实际上是电荷运动的结果。

磁场

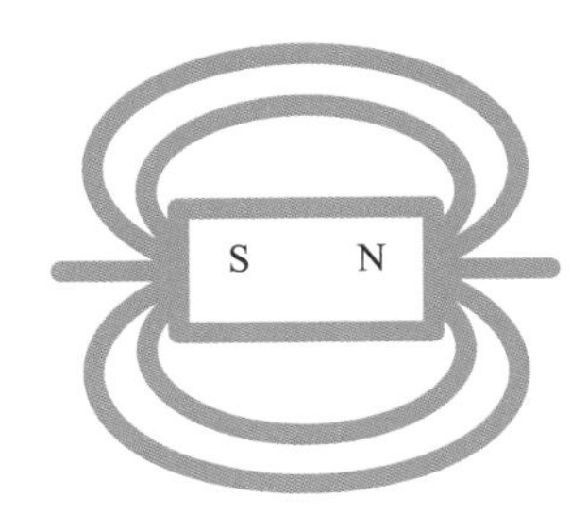

磁场有许多与电场相似的特性:

- 有两个相反的极性——北（N）极和南（S）极。
- 同性相斥，异性相吸。
- 能够磁化其他易感物体，吸引它们靠近，甚至向其转移永久的磁性。

单个运动的电荷和电流都会产生磁场，磁场会在以电荷运动方向为轴心的圆面的切线上施加力。磁场强度（以磁通密度B表示，单位为特斯拉，简称特，符号为T）由下面的公式给出：

$$B=\frac{\mu_0 I}{2\pi r}$$

其中，r是与承载电流I的长直导线的距离。磁场的方向（从南极到北极）由简单的右手法则表示：拇指指向常规电流的方向，其他手指自然弯曲的方向即为磁场方向。

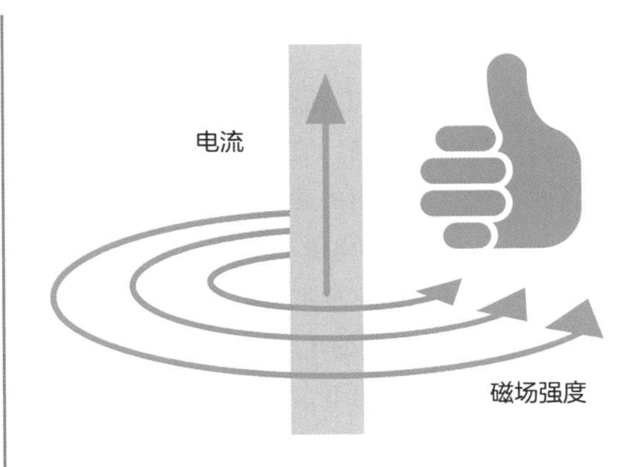

磁导率

物理常数μ_0是真空中的磁导率（简称为磁常数），它定义了磁力与空间和电荷之间的关系。其值为1.2566×10^{-6}（单位为亨/米，H/m）。

另一个常数，即真空中的电容率ε_0，以类似的方式定义了电场的强度。

场的比较

地球磁场的平均强度：5万纳特（nT）。

普通冰箱贴：1000万纳特。

大型黑子（太阳表面磁场集中之处）：0.3特。

磁性材料

磁性材料对磁场的反应能力——甚至永久保持磁场的能力，取决于其内部结构的几个方面，尤其取决于其内部微小电荷的运动。

磁矩

磁性和磁场是电荷运动的结果。“磁荷”与电荷不同，它不是粒子的固有属性。相反，材料的磁性是由原子和亚原子尺度上的微小电流产生的。

- 所有亚原子粒子都具有自旋的特性（与力学中的角动量类似）。
- 在自旋的作用下，带电粒子（尤其是电子）会产生微小的循环电流回路。
- 因此，旋转电荷会产生一个微小的磁场，我们称为粒子的磁矩。

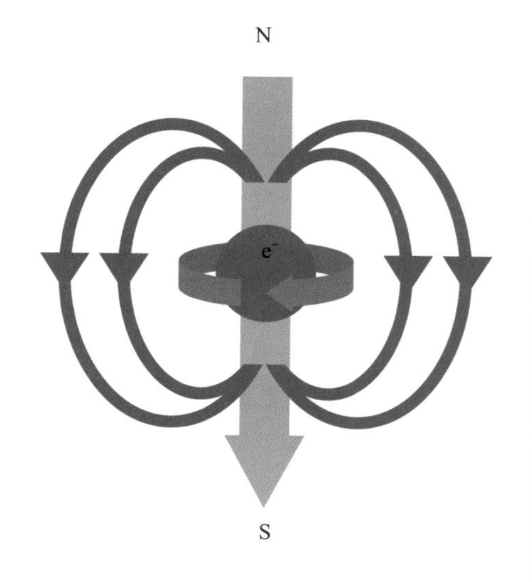

磁性的种类

大多数体材料内部的磁矩是随机排列的，往往会相互抵消。然而，在合适的条件下，这些磁矩可以整齐排列，从而产生大规模的磁效应，包括：

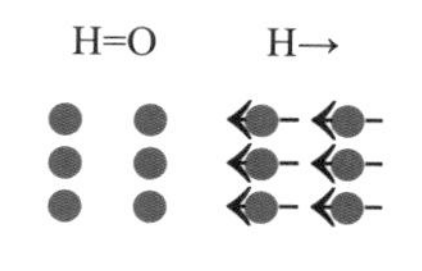

- 抗磁性：单个粒子的极性排列整齐，方向与外部磁场相反，从而在外部磁场与物体之间产生微弱的斥力。

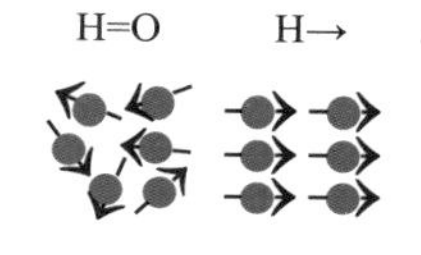

- 顺磁性：如果材料中的原子外层电子轨道含有未成对的电子，则在施加外部磁场时，未成对的电子会排列整齐，产生同向磁场作为反应，并使材料暂时磁化。移除外部磁场后，材料内部的磁场消失，磁矩通常也随之消失。

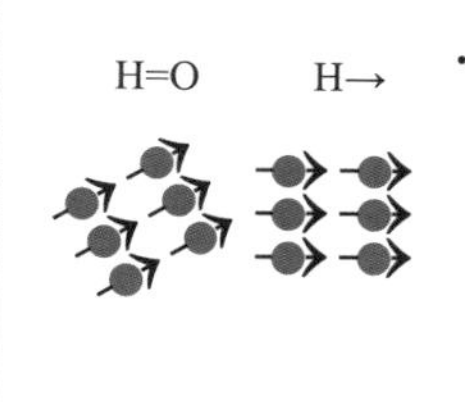

- 铁磁性：某些金属（如铁、镍和钴）具有未被配对的电子，即使在去除外部磁场的影响后，这些电子仍天然地倾向于整齐排列，从而产生半永久磁性。

电磁感应

正如同移动的电荷和电流会产生磁场，对其他导体施加物理力，它们也会使导体产生在其内部流动的电流。这种现象被称为“感应”，在实际生活中应用广泛。

电磁感应的原理

严格来说，电磁感应的本质是导体中产生电动势（电势差），而未必会形成电流（尽管电动势和电流通常是紧密联系在一起的）。

上述电动势是因外部磁场（由磁性材料或附近的电流产生）对导体中单个电子磁矩的影响而产生的。法拉第电磁感应定律描述了电动势的大小：

$$\varepsilon = -\frac{\mathrm{d}\Phi}{\mathrm{d}t}$$

电动势 ε 与闭合回路内磁通量Φ的变化率大小相等且方向相反。

短暂的电动势

电磁感应只有在导体周围的磁通量发生变化时才会发生，因此，直流电路只有在接通或断开时，才在附近的导体中产生一阵短暂的感应；待周围磁场稳定后，感应电动势就会消失。不断变化的交流电路电磁感应得以维持。

变压器

变压器是一种基于电磁感应的常用的电子元件。简单的电压器包含具有铁磁性的方形金属磁芯，在其相对的两侧各缠有一组线圈，分别与初级和次级电路相连。

需要注意的是，每个电路的功率相同。

再次强调，电磁感应仅在初级线圈中的电流变化时才会发生。

交流电

早期实验发现，电磁感应现象只在电流不断变化的情况下发生，在电流恒定的情况下则不会出现。因此，工程师设计了一个电流不断变化的系统以解决这个问题。

交流电

交流电（AC）是一种电流方向不断发生高频率周期变化的电流。令人惊讶的是，这样的变化几乎不会影响我们对其电能的利用。

我们通常把交流电描述为正弦波。随着电势差和电动势强度和方向的变化，电流方向也会发生改变。

交流电路的电流和电压不断变化，因此，功率也随之不断变化。为简化问题，交流电的功率通常取与“均方根”电压有关的平均值：

$$P = {U_{rms}}^2 / R$$

在峰值电压为U_{pk}的正弦波中，$U_{rms} = U_{pk} / \sqrt{2}$。

三相交流电

大多数的大型电力传输系统都使用三相交流电，其电流沿着三根独立的导线传输，每根导线上的电流彼此之间都不同步。这样的设计使得系统能够传输更大的功率，并保证了输送的实际功率始终大致恒定。

交流电的优势

- 交流电使具有特定电流和电压的电能通过持续工作的变压器，以提高电压并降低电流。靠近用户端的变压器可以把电流调高、电压调低，以满足实际使用需求，也更为安全。
- 涡轮机、直流发电机和其他类型的发电机自然地产生交流电。有时，我们需要对其进行“整流”，以便与某些直流元件搭配使用。

直流电与交流电之战

1880年至1893年，托马斯·爱迪生（Thomas Edison，1847—1931）与乔治·威斯汀豪斯（George Westinghouse，1846—1914）展开了激烈的商业斗争，前者提倡直流电，而后者的公司制造了首个交流电系统。由于交流电更易于远距离传输，加之尼古拉·特斯拉（Nikola Tesla，1856—1943）发明了可靠的三相感应电动机，交流电最终取得了胜利。

电动机

电动机是一种利用电导体和磁性材料之间产生的力，将电能转化为机械能的装置。

旋转运动

电动机依据同性磁场相斥的简单原理进行工作。然而，在大多数情况下，电动机都被设计成作圆周或“旋转”运动的设备（例如驱动中心轴以使电机转动）。

旋转电动机具有两个关键的部件：

- 定子：产生磁场以驱动运动，通常保持静止。
- 转子：在轴上旋转以产生机械运动。

其中一个部件上固定有永磁铁（或电磁铁），另一个部件上则包裹着名为绕组的紧密导电线圈。绕组中的电流会产生磁场，驱动永磁元件的斥力迫使转子小幅转动。

电磁铁

有些电动机不使用永磁铁，而使用电磁铁。这种磁铁利用铁磁性物质的自然属性来产生极强的磁场。电磁铁还有另一个优点，即可以随时开关。

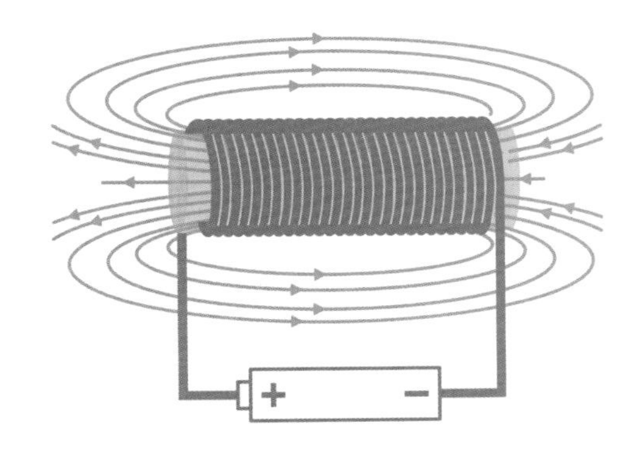

- 金属芯被导电线圈包裹。
- 电流流过线圈并产生弱磁场。
- 弱磁场会使铁材料中的磁矩整齐排列，从而产生更强的磁场。

发电机

电流可以通过许多不同的方式产生，但几乎所有的大型发电机都使用相同的基本原理，即利用机械运动产生电磁感应，从而产生电流。

来自运动的电

大多数发电机与电动机的原理相反：不是用变化的电流来驱动机器旋转，而是通过旋转磁场来产生电流。

早期的直流发电机把永磁铁安装在固定外壳的内部。在外力的驱动下，包裹在线圈中的自由旋转的电枢绕着外壳的轴旋转。当线圈遇到不断变化的磁场时，内部会产生感应电流。

磁铁和金属丝电枢之间持续变化的关系导致电流每旋转半圈就会改变方向。因此，为了保持直流电，电枢上携带了一个换向器，使它与电路其他部分之间的连接也会每半圈反转一次。

随着交流电的普及，直流发电机已经很少被使用了。如今，电力大多是由交流发电机产生的。在交流发电机中，磁铁被安装在旋转的铁芯上，而线圈则固定在静止的外壳中。

电源

驱动发电机所需的旋转可能有许多不同的来源：

- 旋转的风力涡轮机。
- 水电站泄洪。
- 潮汐能。
- 核电站或常规电站中产生的蒸汽。

压电效应

压电效应是特定物质受到压力时会产生电流的自然现象，是一些现代技术的核心原理。

来自压力的电

尽管压电材料从外部看来是电中性的，但其内部的电荷分布不均，从而产生电偶极矩。这可能是其分子中电子的内部聚集或其晶体结构所致。

当对材料施加机械应力时，其内部结构会在微观尺度上重新排列，导致内部电场发生变化，电流从一侧流向另一侧。

压电是可逆的：移除应力后，材料恢复到正常状态，而施加在材料上的外部电场会使材料略微膨胀或收缩。

应用

计时

石英表通过压电振荡产生精确的时间信号：电场使晶体压缩，然后晶体放松并释放出电流脉冲，如此循环。振荡的时值由晶体的基频控制。

气体打火机

打火机通过用小砧敲击压电晶体来产生点火火花。晶体和附近的导电板之间产生较大的电势差，当火花将二者连接时放电。

声呐与超声波

改变压电晶体的形状必然会产生声波。高频电场可以产生用于声呐和医疗设备的穿透性超声波。然后，压电晶体被返回的声波压缩，产生可被解码为图像的电信号。

半导体

半导体是一种特殊的材料，其特性介于导体和绝缘体之间。在半导体制成的电子元件里，电流只能单向流动，在反方向上会受到阻碍。

半导体材料

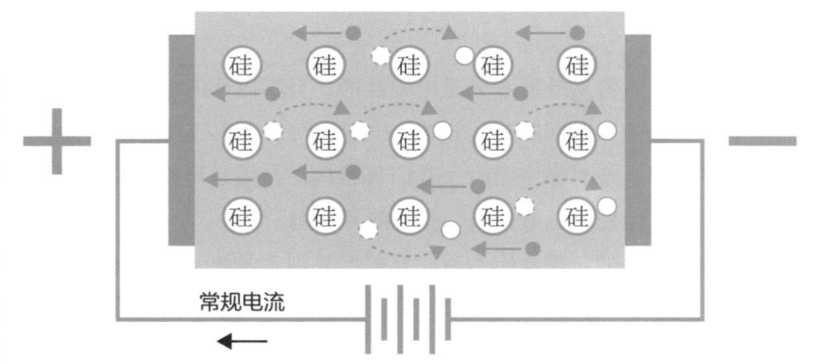

半导体通常由硅或锗等基本元素制成，这两种元素的最外层电子都恰好被填充了一半。

硅和锗的内部结构都为电荷不均匀分布的晶格：松散的电子在某些地方聚集，使其具有负偏压，而电子缺失所造成的空穴则具有净正偏压。

通过添加少量有助于集中或排斥电荷的其他元素，可以人为制造出负的“N型”和正的“P型”区域，这一过程被称为掺杂。

这两种类型的偏压都可以在材料中漂移，这意味着半导体拥有可以双向流动的载流子（即电荷载体）。

二极管

二极管是最简单的半导体元件。我们可以将它视为“阀门”——它允许电流沿一个方向自由流动，但阻止其从反方向上通过。

- PN结的一侧有多余的电子，而另一侧有多余的空穴。
- 电流从N型材料自由地流动到P型材料。
- N型材料中聚集的电子会阻止其接纳更多的电子，因此电流无法反向流动。

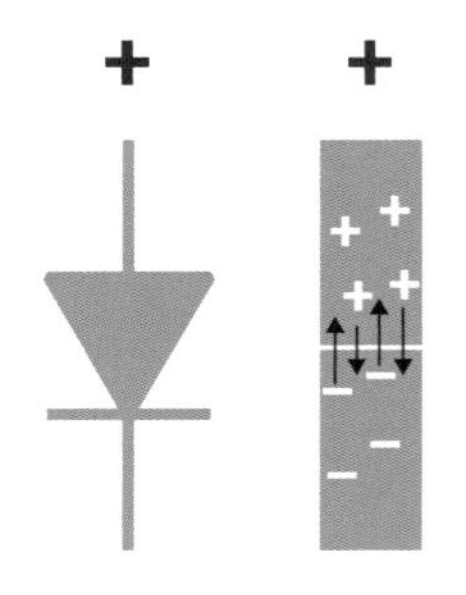

我们可以将二极管设计为“正向偏置”（如左图所示）或“反向偏置”（电流的首选方向为反向）。它们最常见的用途是“整流”交流电，使其适用于直流电路。

我们也可以这样设计：当PN结的两侧达到一定的电势差时，电流将突然开始流动。

模拟电路和数字电路

模拟电路关注的是在强度或方向上平滑且连续变化的电流，但该技术也可以应用于在某区间内突然变化的电流。

数字电路

数字电路将连续变化的电流的行为分解为数字流：

- 原始信号的强度以高频取样。
- 将该值根据特定的数字范围进行标准化（例如在0到255的范围内取156）。
- 把该数字转换为二进制系统中“0”和“1”的流：156=10011100。每个0值或1值被称为一个数据位（1比特），而8比特组成一个字节。
- 将信号作为电脉冲流进行处理或传输，其值分别表示1和0。
- 通过数模转换器（DAC）电路在另一端重建信号的原始模拟波形。

二进制

就如我们熟悉的十进制一样，二进制是一个位值计数系统。十进制中有十个数字（0到9），而二进制中只有两个（0和1）：

十进制		二进制			
“10s”	“1s”	“8s”	“4s”	“2s”	“1s”
	0				0
	1				1
	2			1	0
	3			1	1
	4		1	0	0
	5		1	0	1
	6		1	1	0
	7		1	1	1
	8	1	0	0	0
	9	1	0	0	1
1	0	1	0	1	0

模拟与数字

模拟

数字

模拟电流可以直接反映现实世界各种现象（例如声波）的强度。

噪声（随机波动）和干扰会扰乱模拟信号，导致原始的精确值丢失。

在数字信号中，二进制0和1之间的差异足以避免混淆，因此噪声对数字信号没有影响。

我们可以在电子元件（如晶体管和逻辑门）中处理数字0和1。

增加取样率和取样范围能更好地复制原始模拟信号。

电子元件

各种各样的电子设备可以用来处理数字数据，模仿模拟电子元件的性能，也可以完成更为复杂的任务。

晶体管

晶体管是一种电子设备。电流在一对端子间流动或受阻，这取决于第三个端子上的电流，或第三和第四个端子之间的电压。

晶体管有两个功能：

- 开关：根据所施加的电流或电压打开或切断输出电流。
- 放大：基于输入的电流输出所需的电流。

−　+
p　n　p
集电极　发射极
基极

+　−
n　p　n
集电极　发射极
基极

- 双极性晶体管：以PNP或NPN方式排列的N型和P型半导体“三明治”。

晶体管的类型

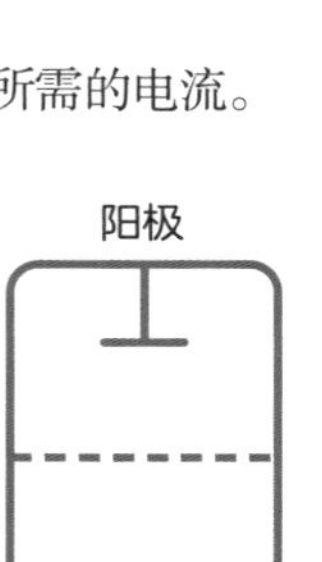

- 热离子三极管：它是世界上第一个晶体管，一个带有阴极和阳极的玻璃真空管，玻璃管中间栅极的状态控制电流的流动。

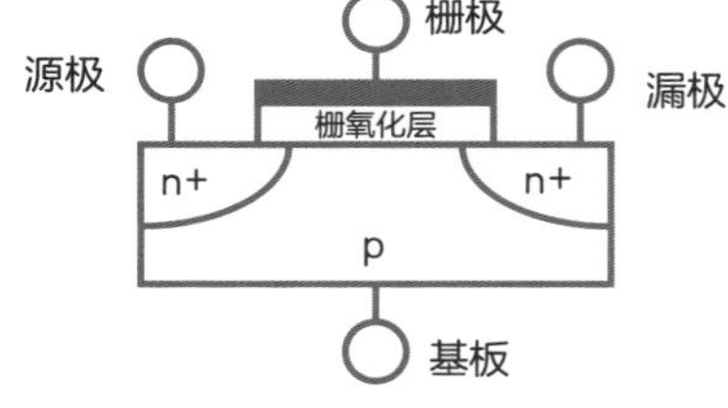

- 场效应晶体管：栅极和基板之间的电场（电势差）控制源极和漏极端子之间的电流。

逻辑门

诸如晶体管和二极管等电子元件可以组合起来进行简单的逻辑运算：根据简单的逻辑测试，对输入值进行比较并产生输出。这些单元被称为逻辑门，是现代计算机技术的核心：

与门（AND）

只有当两个输入电流都存在时，才产生输出电流。

或门（OR）

只要有任一输入电流，就能产生输出电流。

非门（NOT）

仅当单个输入端子没有电流时，才能产生输出电流。

与非门（NAND）

除非存在两个输入电流，否则会产生输出电流。

或非门（NOR）

仅当两个输入电流都不存在时，才产生输出电流。

超导

在某些极端条件下，某些材料可以在没有电阻的情况下导电，这可以类比于某些低温材料中神奇的超流体特性。

超导的原理

超导材料是电阻为零的理想电导体，而且能主动排斥试图通过它们的磁场。

许多材料都能在低温下发生超导现象。

论及个中原因，似乎有多种机制在起作用，其中最容易理解的就是巴丁–库珀–施里弗（Bardeen–Cooper–Schrieffer，BCS）理论模型：

- 在低温下，电子微弱地结合在一起，形成"库珀对"。

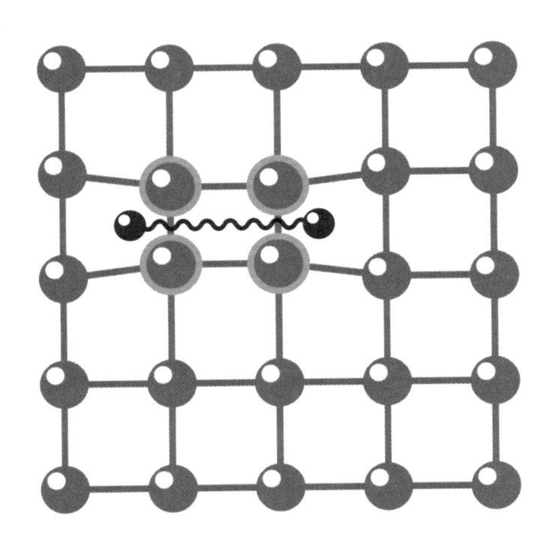

- 成对的粒子表现为玻色子。玻色子是特殊的粒子，它们可以具有相同的属性，而不一定以不同的状态混杂存在。这减少了它们之间以及与周围材料之间的摩擦。

超导的应用

超导材料可用于能够产生强大磁场的高功率电磁铁中，是许多先进技术必不可少的组成部分：

- 在粒子加速器中把带电粒子提升到极高的速度。
- 为日本新干线高速列车制造无摩擦轴承。

升温

发现一种能在0摄氏度以上的正常条件下工作的室温超导体，是现代物理学不懈追求的目标。这种材料将彻底改变能源运输和生产、计算机科学和其他电子领域。

集成电路

紧致精密的现代电子设备离不开单个元件的微型化，它将数十亿的纳米级（十亿分之一米）元件组合在一块半导体材料芯片上。

制造芯片

现代的集成电路（IC）大多围绕着场效应晶体管构建，这种晶体管使用互补金属氧化物半导体器件技术制造。

使用一种被称为光刻技术的特殊印刷技术，可以将极少量的不同物质“蚀刻”在底层半导体基片的表面。紫外线穿过一个半透明的掩膜，在其照射的区域引发化学反应。

底层半导体基片的不同区域被掺杂各种金属，以产生P型或N型区域；再铺设绝缘材料和导电金属（例如铝），以连接半导体区域并创建逻辑门。互补金属氧化物半导体器件电路产生的噪声小、功耗低，这使得它们能够以极高的密度被封装入集成电路。

电荷耦合器件

电荷耦合器件（CCD）是用于电子成像的专用集成电路。

- 由于光电效应，单个光子撞击像素（图像的基本元素）阵列并产生电子。
- 负电荷的积累与光子的数量成正比，但被截留在“势阱”中位于下层的电容器的一侧。
- 在设定的曝光时间结束时读取电荷耦合器件，阵列中的第一个像素将其电荷排放到放大电路中，该电路将其转换为电压，而其余的像素将其电荷一个接一个地传给相邻的像素。
- 重复此过程，将像素的亮度转化为一系列电压，然后便可以对其进行电子处理。

真空管

真空管的种类繁多，用途广泛。它通过真空玻璃管中的一对电极操纵电流，在其间产生巨大的电势差。

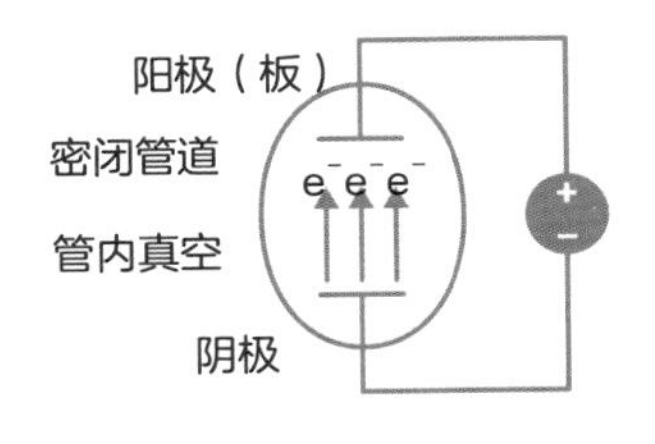

工作原理

通常来说，真空管由一个负极（阴极）和一个正极（阳极）组成，它们之间被近乎理想的真空隔开。这使得它们之间能产生高电压，其间的空气不会被电离而产生电火花。在这种情况下，电子直接从阴极发射至阳极。

热离子管

- 在热离子管中，当阴极被加热时会产生一股电子流，额外的能量会使其逃逸。
- 热离子三极管在阳极和阴极之间有着第三个网状电极，其相对电压控制着电流。
- 阴极射线管（CRT）利用电场或磁场将电子流从被称为“电子枪”的阴极引导到涂有荧光粉的屏幕上，形成发光点。快速变化的场可用于绘制和重绘图像，其速度比人眼的识别速度快，正如我们在阴极射线管显示器和老式显像管电视中看到的那样。

光电管

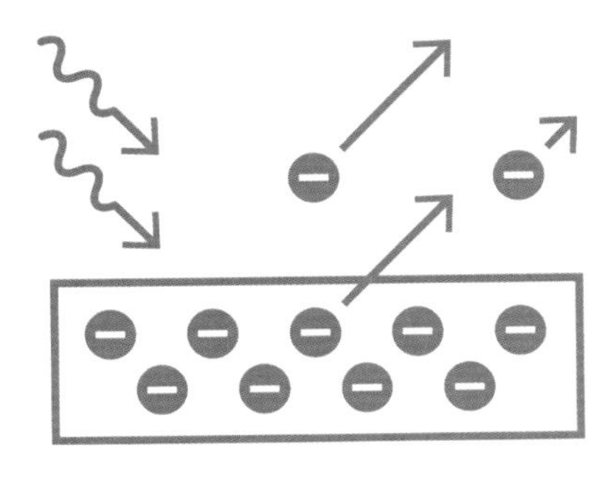

在光电管中，由于光电效应，电子会从阴极产生。

- 光电倍增管将电子聚焦成一束，然后将它们弹到由多个“倍增电极”构成的电极“走廊”上。每个倍增电极的正电压都比上一个高，由此产生的电场促使电子移位，直到在光电阴极释放的单个电子引起“雪崩”，最终到达阳（正）极。
- 真空光电管没有放大功能，但可以在阳极产生与照射到光电阴极的光成正比的电流。根据光电阴极材料的不同，光电管可以被调谐到特定的频率；然而光电管大多已经过时。

原子与辐射

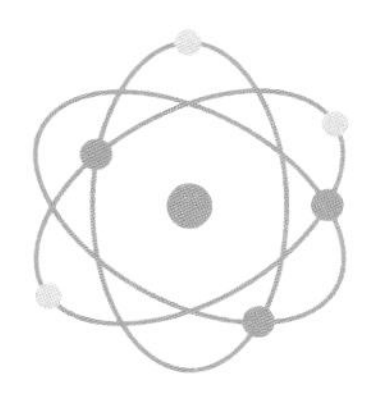
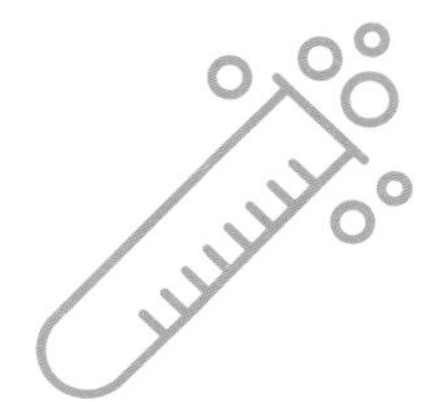
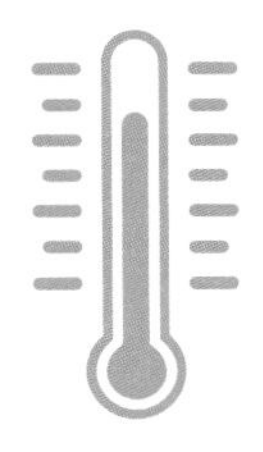

亚原子粒子的发现

直到19世纪末，大多数科学家还认为原子是自然界中构成物体的最小单位。后来一系列的发现表明，原子其实是由亚原子粒子构成的。

阴极射线

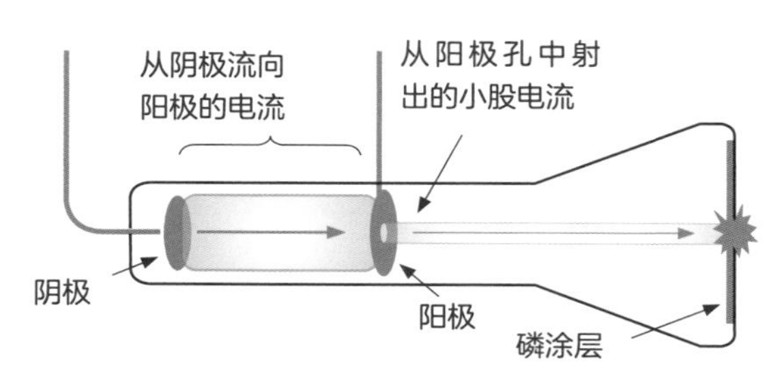

1897年，约瑟夫·约翰·汤姆孙对神秘的阴极射线（在两端具有高电压差的玻璃真空管的负极上产生的一种未知射线）进行了研究。

- 这些射线能够加热它们所撞击的其他物体，这表明它们是传递动能的粒子。
- 观察它们在被空气阻挡之前所能移动的距离后，汤姆孙得出结论，这种粒子比原子小得多。
- 通过测量这种粒子在电场和磁场中的偏转，汤姆孙指出其带有负电荷，甚至估算了它们的荷质比。
- 无论产生射线的阴极是以何种元素制成的，射线都表现出相同的特性。

对原子核的探索

1909—1911年，欧内斯特·卢瑟福（Ernest Rutherford，1871—1937）、汉斯·盖格（Hans Geiger，1882—1945）和欧内斯特·马斯登（Ernest Marsden，1889—1970）进行了著名的“金箔”实验，使用放射性α粒子探测原子的内部结构。如果枣糕模型是正确的，那么，对α粒子来说，金箔应当是一个均匀的屏障。事实上：

- 大多数粒子沿着直线通过。
- 一些粒子大角度偏转。
- 少数粒子被弹回发射源。

这是因为原子的质量和正电荷集中在中心的原子核上。

汤姆孙的结论是：电子形如其名，是一种微小的、低质量的粒子，存在于每个原子中。

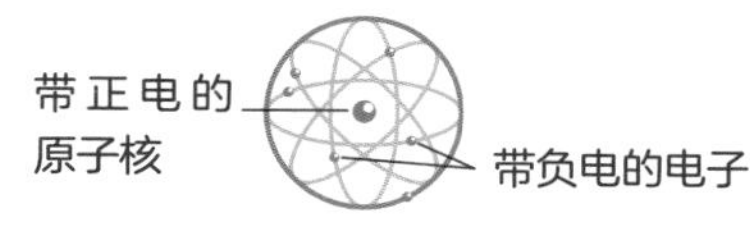

行星模型

卢瑟福基于他的实验，设计了一个原子的行星模型：电子沿着不同轨道围绕中心的原子核运动，如同围绕着太阳的行星一样，而空旷的空间占据了原子的大部分体积。

玻尔模型

1913年，尼尔斯·玻尔（Niels Bohr，1885—1962）发表了三篇论文，建立了便于理解的原子模型。直到今天，玻尔模型仍然被普遍使用，尽管现在我们知道原子的实际情况要复杂得多。

里德伯公式

玻尔的模型基于自19世纪80年代以来在光谱学中确立的定律。脱胎于被广泛研究的巴耳末系，氢发射的光谱线的图案可以用里德伯公式来描述：

$$\frac{1}{\lambda_{vac}}=R_H(\frac{1}{n_1^2}-\frac{1}{n_2^2})$$

其中，λ_{vac}为发射光波长；R_H是氢的里德伯常量；n_1和n_2分别为一连串整数（1，2，3，…）。

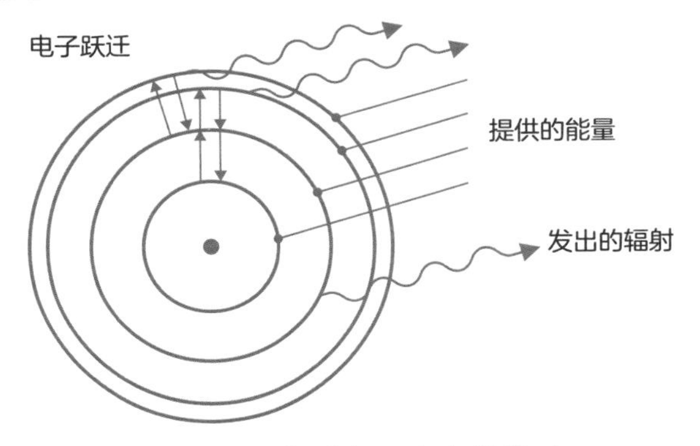

能级

玻尔认为，里德伯系的出现是因为电子受限于特定的角动量值，因此被限制在距原子核的特定距离处。

- 电子具有的能量与其运动状况以及与原子核的距离有关。
- 离核较近的轨道比离核较远的轨道能量低，因此电子会倾向于“落”向较近的轨道。
- 然而，每个轨道都只能容纳有限的电子。
- 如果原子获得外部能量（如热或光），电子可以跃迁至更高的轨道上，但很快会回落到还有剩余空间的最低的能级。

因此，原子能吸收和发射特定能量和波长的光。

跃迁

在玻尔模型中，在两个能级之间移动的电子发出或吸收的光遵循下面这个简单的公式：

$$\Delta E = hv$$

- ΔE是跃迁所需的能量。
- v是发射光（或其他电磁辐射）的频率。
- h为常数（普朗克常量）。

早期的成功

玻尔运用他的模型，成功地解释了极热恒星光谱中一组深色的“吸收线”。他指出，这种“皮克林系”产生于恒星的大气层，原因是电离氦（He^+）中剩余的单个电子吸收了从恒星发光表面逃逸出的各种频率的高能辐射。这一发现证明了玻尔模型的价值。

核子

所有的原子核都是由两种亚原子粒子组成的。这两种粒子被称为质子和中子，它们之间的平衡决定了原子核的性质。

质子

单个质子的质量大约为1.67×10^{-27}千克或一个原子质量单位（amu）。这大约是1836个电子的质量。

单个质子的直径为1.7×10^{-15}米（1.7飞米或十亿分之一米的百万分之一）。

单个质子携带的电荷量为1.602×10^{-19}库仑，这是一个电性为正的“基本电荷”，与单个电子携带的电荷大小相等，电性相反。

在更为基础的尺度上，质子由被称为夸克的粒子组成。每个质子包含两个上夸克和一个下夸克。

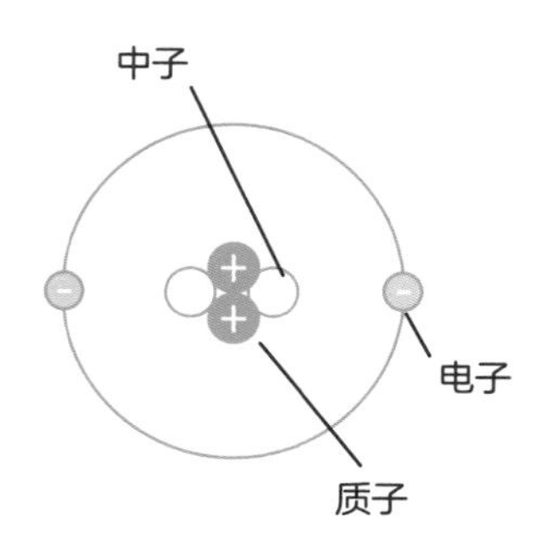

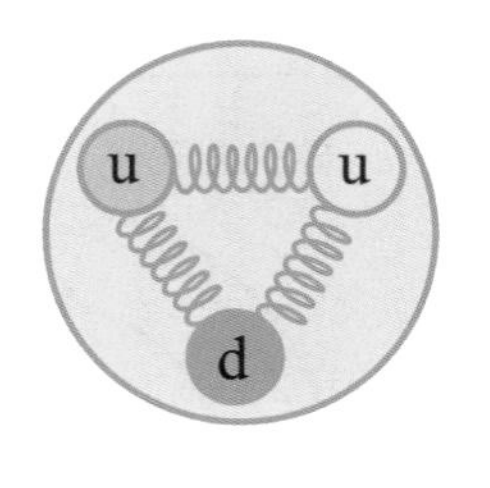

质子的发现

1917年，欧内斯特·卢瑟福发现，许多不同元素的原子都含有带正电的粒子，其性质与氢的原子核相同。他将这种结构命名为质子。

中子

中子存在于简单的氢原子以外的所有原子的原子核中。它们是质量与质子相同但不携带电荷的粒子，这使它们更难被探测到。通常情况下，原子里中子的数量与质子数大致相同，但也有例外。如质子一样，中子由夸克组成。一个中子包含两个下夸克和一个上夸克。

上夸克
下夸克
下夸克

钋放射源
α
中子
质子
盖革计数器
铍
石蜡
~1000 伏

中子的发现

1932年，詹姆斯·查德威克（James Chadwick，1891—1974）发现，当放射性α粒子轰击某些轻质金属（如铍）时，它们会产生一股未知的粒子流。这些粒子质量与质子相近，但不携带电荷。它们本身无法被探测到，但当它们撞上富氢石蜡板时，石蜡中高能的质子会被撞出。这种新粒子被命名为中子。

同位素

同位素是一组属于同一种元素但质量不同的原子。原子核中的质子数相同，这定义了其原子序数和基本的化学性质；但中子数量不同，这有时会影响元素的物理表现。

例子

同位素的写法通常为“元素名称–相对原子质量”，或相对原子质量（上标）后接其元素符号。例如，放射性同位素铀–238也被写为^{238}U。下图是最轻的元素的一些同位素：

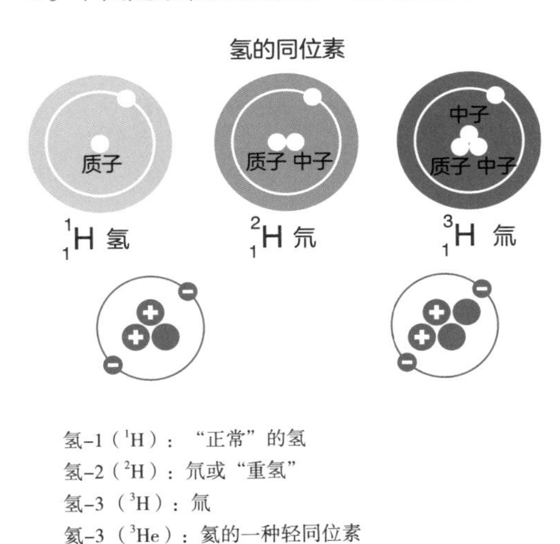

氢–1（^{1}H）：“正常”的氢
氢–2（^{2}H）：氘或“重氢”
氢–3（^{3}H）：氚
氦–3（^{3}He）：氦的一种轻同位素
氦–4（^{4}He）：“正常”的氦

同位素与科学

同位素在许多不同的科学领域中都有应用。不同同位素的比例通常可以通过质谱法计算出来。

在所有的混合物中，较重的同位素都会下沉，而较轻的同位素会上升。这个简单的事实意味着，较重的同位素倾向于在环境的特定部分积累。在寒冷的气候条件下，海水蒸发后往往会留下含有“重”同位素氧–18的稀有水分子。由于这些水的一部分逐年在极地冰原中堆叠，其同位素的构成方式可以揭示出数千年来不断变化的气候条件。

同位素的生成

同位素主要通过三种方式自然产生：

- 恒星的生命周期中和超新星爆炸过程中的核聚变：较小的原子核融合在一起，形成较大的原子核，其中一些可能不稳定。
- 其他同位素的放射性衰变：不稳定的原子核分裂后产生较小的原子核。
- 宇宙射线轰击：由太阳或宇宙间其他源头发射的高能粒子撞击并改变原子核。

此外，还可以通过以下方式制造人造同位素：

- 受激衰变：原子核被其他粒子轰击而产生的放射性衰变。
- 在核反应堆中，使用中子流辐射特定的原子核，迫使其吸收中子。
- 用粒子加速器中产生的高能粒子轰击特定元素，从而制造出完全由人工合成的重元素。

荧光与磷光

虽然大多数的自然材料只能通过反射光被看到，但有些元素自身会发光。荧光和磷光是与特定原子内部的亚原子行为有关的两种效应。

荧光

当荧光材料暴露在高能量的可见光或紫外线下时，会发出特定颜色的光。

- 高能的蓝光或紫外线会增强或激发材料内原子最外层轨道中的电子，使其提高到更高的能级。
- 随后，电子沿着空的轨道逐级下降，每下降一级，都伴随着一次小幅的能量爆发，直到它们返回到原始状态。
- 与激发电子跃迁的入射光相比，这种小幅的能量爆发会发出频率较低、波长较长的出射光。

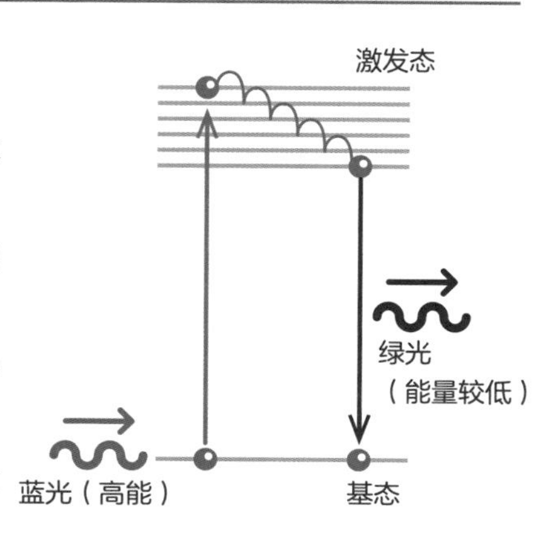

磷光

磷光材料发出的光非常弱，只有在所有光源都被移走以后，人们才能看见这些微弱的光。在被光激发后，这些材料中的电子需要更长的时间才能恢复到它们的基态。因为在这种情况下，电子需要特定类型的能量跃迁，即所谓的“禁戒跃迁”（实际上这种跃迁并没有被禁止，但根据量子物理学定律，其发生的可能性非常小）。因此，磷光会持续几分钟甚至几小时。

荧光灯

在荧光照明技术中，电流会通过一个抽真空并引入少量汞蒸气以取代空气的灯管，并激发汞原子，使其发射紫外线；然后，紫外线在灯管内部的磷光剂涂层中产生可见的荧光。

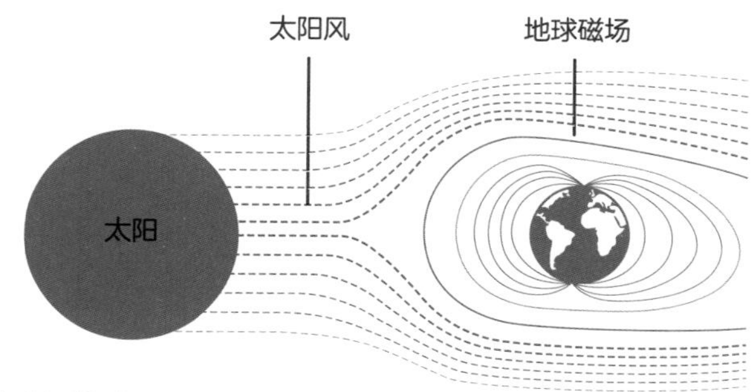

大气中的荧光

壮丽的极光本质上是一种自然荧光。在这种荧光中，大气中的气体不是被辐射激发，而是被来自太空的高能粒子激发。地球磁场捕获的电子被输送到地球两极附近，并在那里与高层大气中的气体碰撞。电子受到短暂的激发，并在恢复到基态时发出炫目的光芒。

激光

激光是“受激辐射光放大”的简称。它利用原子的自然特性产生强烈的光束，在现实生活中用途广泛。

受激辐射

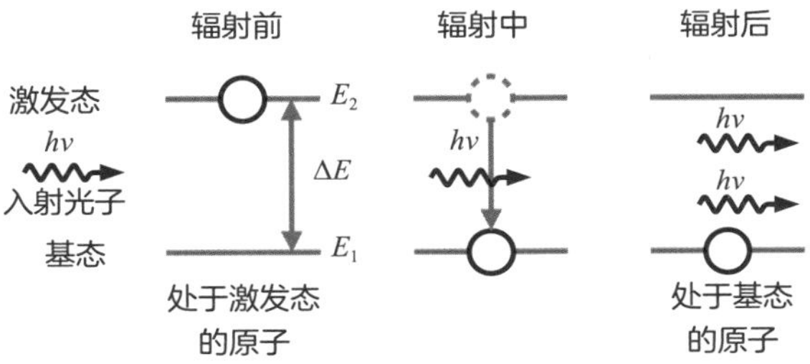

当电子被外界注入的能量激发到更高的轨道上时，它会迅速返回到原先的低能态，并发射出具有特定颜色的光爆或光子。受激辐射强调外界作用迫使这种变化发生，而不是自发过程。

$$E_2 - E_1 = \Delta E = h\nu$$

- 用一个与跃迁波长相同的光子撞击原子，将激发的电子推回其原始状态。
- 第二个光子被发射出来时，原先的光子依然存在。

辐射前
辐射中
辐射后
激发态
$h\nu$
入射光子
基态
E_2
ΔE
E_1
$h\nu$
$h\nu$
$h\nu$
处于激发态的原子
处于基态的原子

- 这两个光子不仅能量（颜色）相同，而且波的运动方式也相同，因此这两个光子是相干的。
- 相干光束提供的能量比普通光束更集中、更精确。

激光装置

激光器是一种用来触发受激辐射连锁反应的装置：一个光子产生一个相干的光子对，然后触发下一步发射，产生四个相干的光子，以此类推。在实践中，这需要用到一个特殊的装置：

- 激光介质：一种材料，其原子被激发并产生辐射。不同的激光材料可以产生不同波长的光。
- 外部泵浦：激光介质中的原子被强光或强电场激发或“泵送”。
- 光学谐振腔：两端的反射镜通过激光介质来回反射光子，迫使链式反应形成。其中一面镜子是半镀银的，允许部分相干光束逃逸。

激光的应用

激光的应用范围非常广泛。作为集中的光能束，激光可以点燃、切割和加热材料；而它的其他用途包括：

- 可被精确调整以提供触发原子的跃迁所需的能量。
- 精确测量。
- 全息摄影。
- 通过光纤通信发送信号。
- 为光学数据存储（如光碟）和扫描设备（如条形码阅读器）提供精确的光源。

原子钟

电子从低能轨道暂时跃迁到高能轨道后，会迅速回落到其初始状态。这个过程的发生速度非常精确，我们可以用这个原理制造精准的时钟。

原子钟的制造

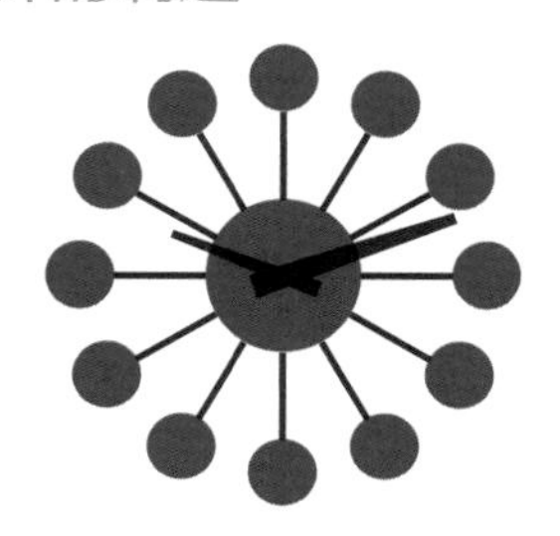

- 原子钟利用原子跃迁产生高频振荡电流，这种振荡是可以被计算出来的。
- 汽化的原子被注入一个叫作微波腔的空腔中。
- 激光束被射入该腔室。光束里的光子经过调整，可以极其精确地提供特定电子跃迁所需的能量。
- 原子被激发，然后回落到基态，又立即被再次激发，形成一个快速变化的微小电磁场。
- 腔体限制并放大了电磁场，迫使振荡彼此同步并产生类似于声波的共振波。
- 共振波被用来驱动“计时电路”中快速变化的电流。

全球定位

当今世界中极为重要的卫星导航系统在很大程度上依赖于原子钟的准确性。

- 一组卫星围绕着地球运行，任何时刻都有几颗卫星在地平线以上，供所有观察者使用。
- 卫星上的原子钟调节着播送的时间信号。
- 接收器检测来自多个卫星的信号，并将这些信号与自身的高精度时钟进行比较。
- 通过测量来自每颗卫星的时间信号的延迟，可以得出卫星与观察者的相对距离。
- 接收器使用内置的星历（各种卫星轨道的模型），根据当时距各个卫星的距离来计算其精确位置。

计时的元素

原子钟中常用的元素有氢、铯、铷和锶。

重新定义时间

1967年，“秒”被正式定义为铯-133原子中特定电子跃迁9192631770个激发和发射周期的时长。

切连科夫辐射

众所周知，没有什么东西能比光的传播速度更快——但严格意义上来说，这并不是真的。虽然在真空中光的传播速度是最快的，但当光本身变慢时，光速的屏障可能会被打破。发生这种情况时，其中一个结果便是被称为切连科夫辐射的效应。

产生原理

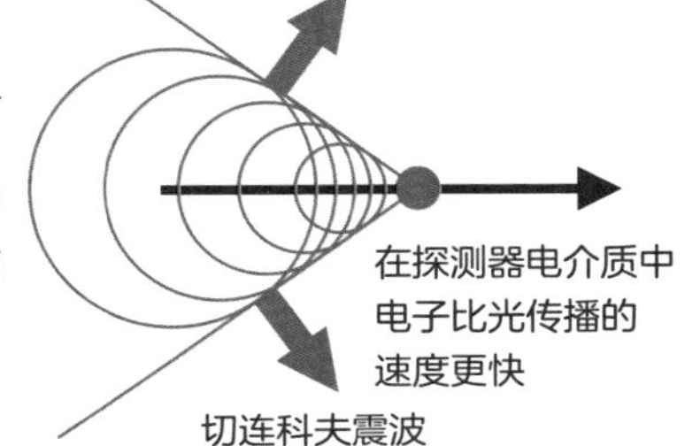

飞机以超声速穿过声障时我们会听到音爆，而切连科夫辐射有着相似的原理，只不过把声换成了光。它只有在粒子携带电荷，且其所通过的介质（称为电介质）具有可受电场影响的结构时才会发生。

- 粒子前进过程中，其电场使周围的电介质短暂地极化。
- 当电介质恢复到正常状态时，它会失去能量并发射出光爆。
- 由于粒子的极高速度，发光区域形成了一个锥形波前，沿着这个震波锥的轴，光的发射是相干的。但光波并没有因此相互干扰而消失，而是相互加强并变得清晰可见，它们的光通常是蓝色的。

切连科夫辐射的发现

1934年，帕维尔·切连科夫（Pavel Cherenkov，1904—1990）在进行用放射性粒子轰击水瓶的实验时，发现了这种以他名字命名的辐射。一些β粒子（电子）能够穿透水瓶壁，并以超过22.5万千米/秒（水中的光速）的速度穿过水，产生明显的蓝光。

核光

切连科夫辐射在核反应堆堆芯周围产生特征性的蓝光，这是高速粒子逃逸并进入周围的水中而引起的。

探测异常粒子

天文学家和粒子物理学家利用切连科夫辐射追踪宇宙中一些最难以捉摸的粒子：

- 装有水或其他液体的密封容器降低了光速。
- 高速粒子以接近光速的速度不受影响地穿过液体，并留下切连科夫辐射的痕迹。
- 辐射产生的光会触发容器边缘的传感器。
- 对于穿透力最强的粒子（如中微子），探测器可以通过深埋（如在被改造的矿井中）来进行屏蔽。

宇宙射线观测

世界上最神奇的一些观测站由分布在数百平方千米范围内的巨大的切连科夫探测器水箱阵列组成。来自深空的神秘高能宇宙射线进入大气层时，与空气分子碰撞并产生大量粒子，这种现象被称为“空气簇射”。这种“粒子雨”可以在大范围内扩散，而天文学家可以通过在阵列的不同部分检测到的粒子之间的时间延迟计算出原始粒子的轨迹。

核物理

自19世纪末发现神奇的新型辐射后，人们开始意识到原子核的复杂性。在仅仅一代人的时间里，诸多的发现开创了一个崭新的世界——核科学，并带来了难以想象的后果。

放射的发现

1896年，亨利·贝克勒尔（Henri Becquerel，1852—1908）读到了一则关于威廉·伦琴发现高穿透力的X射线的报道。这激起了他强烈的兴趣。贝克勒尔从此开始研究磷光材料（如重元素铀的某些盐），探索这些物质是否也能产生类似的射线。

贝克勒尔发现，这些盐确实发出了可以穿过固体并使胶片发灰的射线。进一步的实验表明，磷光盐不依赖于外部能源。即使长时间被放置在黑暗中，它们也会持续发出射线。此外，非磷光的铀化合物也能发出射线。

玛丽·居里发现，铀盐会使它们周围的空气发生电离，而其活性的大小似乎完全取决于化合物的量。后来，她与丈夫皮埃尔·居里又发现了远比铀更活跃的新“放射性”元素。

欧内斯特·卢瑟福研究了新的辐射的穿透力以及电磁场对它们的影响。从中他确定了三种不同类型的辐射，现在分别被称为α（阿尔法）、β（贝塔）和γ（伽马）。

突破边界

α、β和γ射线是自然发生的，而在20世纪初，物理学家学会了通过人工手段引发原子核的其他变化。

- 中子发射：用其他放射性粒子轰击轻金属，迫使它们释放中子。
- 核裂变：在合适的条件下，重元素的不稳定原子核可以分裂，产生两个大的“子同位素”原子核和大量能量，而不是简单地通过自然辐射衰变。1938年，奥托·哈恩（Otto Hahn，1879—1968）和莉泽·迈特纳（Lise Meitner，1878—1968）成功地使铀原子分裂产生了氪和钡。
- 人工放射性：用α粒子轰击稳定同位素，将其变成放射性同位素。硼和铝等元素的稳定原子核吸收中子后会变得不稳定，甚至发生衰变。

放射性辐射的类型

放射性原子有三种不同的辐射类型，分别为α、β和γ辐射（来自希腊字母表的前三个字母）。这三种不同的辐射除了都与放射性同位素有关，几乎没有共同之处。

α、β和γ

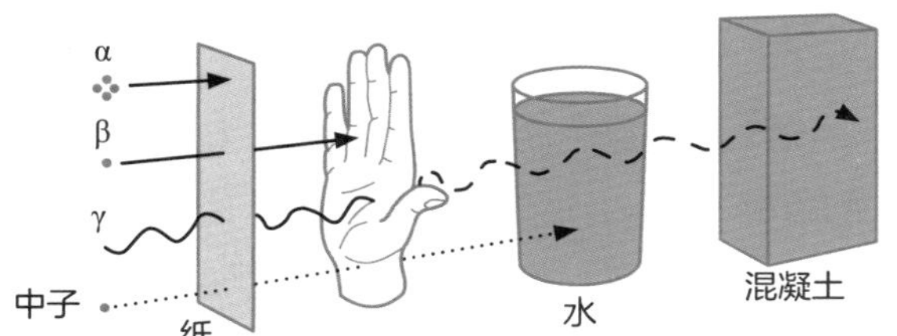

这三种不同形式的放射性辐射，它们的穿透力、对其他材料的影响，甚至本质都截然不同。

- α粒子与标准氦原子的原子核相同。它含有两个质子和两个中子，相对较重，移动速度较慢，甚至能被薄如纸张的屏障轻易阻挡。
- 与α粒子相比，β粒子更轻、移动更快、穿透力更强。它们可以携带负电荷或正电荷。带负电的形式（β^-）是我们熟悉的亚原子粒子——电子，而带正电的形式（β^+）是一个正电子，相当于电子的反物质。
- 顾名思义，γ（伽马）射线不是粒子，而是一种能量极高的电磁辐射形式。它们以光速传播，具有最大的穿透力，需要重型钢、铅或混凝土屏蔽层加以阻隔。

α的应用

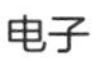

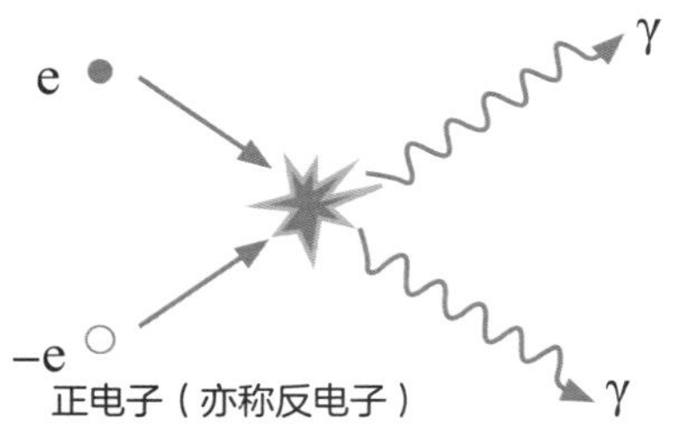

自α粒子被发现以来，人们为其发掘了许多意想不到的用途。α粒子有限的射程和易被阻挡的特点使得它们可以在靠近人类的地方使用。

烟雾探测器利用同位素镅-241发出的α辐射电离空气，并通过检测电流是否中断，来判断是否存在烟雾颗粒。

放射性同位素热电机（RTG）利用α衰变释放的热量来发电。它们被用来为无法使用太阳能电池板的航天器和卫星供电，过去甚至曾被用来为心脏起搏器供电。

天然反物质来源

当反物质粒子与正常物质接触时，它们通常会以γ（伽马）射线的形式爆发出能量然后湮灭。由碳-11、氮-13和钾-40等放射性同位素发射的正电子通常在产生后立即就以这种方式湮灭，但被隔离保护的反物质源可为实验室和医学应用提供反物质。

放射性衰变（系列/曲线）

放射性物质会持续发出辐射，直到不稳定的原子核达到长期稳定的状态。三种不同类型的辐射形式表现了原子核在某个特定时刻达到更稳定状态的不同方式。

衰变系列

在不稳定的原子核中，质子和中子往往是不平衡的。实际上这通常意味着中子比质子多。原子核可通过三种可能的衰变机制达到更平衡的状态：

- α 辐射：原子核通过“量子隧穿”释放两个质子和两个中子，在这个过程中，高能核子簇团挣脱了将整个核子结合在一起的力。
- β^-辐射：原子核里的一个中子自发转变为一个带正电的质子，同时产生一个负电子以平衡总电荷。
- β^+辐射：在一些罕见的情况下，同位素会因过多的质子而失衡，质子可能自发地转化为中子。在这种情况下，通过发射正电子（带正电的“反电子”），总电荷达到平衡。

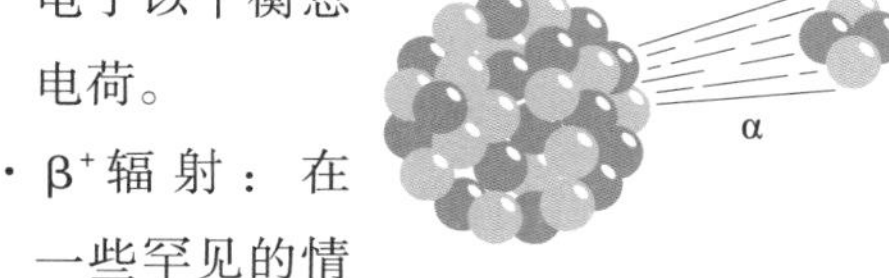

在以上任何一种变化之后，原子核会重新排列到其可能的最低能量状态，并通过γ辐射释放多余的能量。

衰变曲线

任何特定的放射性衰变事件本质上都是不可预测的：在指定的时间范围内，一个特定的原子有可能衰变，也有可能不衰变。然而，我们可以使用统计学的方法处理大样本数据：

- 样品中一定比例的原子将在指定时间内衰变。
- 经过一定时间，原来的放射性同位素的量将减半。
- 这段时间被称为特定放射性同位素的半衰期。
- 再经过一个半衰期后，原来的放射性同位素将仅剩下四分之一。

然而，一种放射性同位素的衰变可能会导致它被衰变序列中的下一个其他同位素（暂时）取代。

放射测年法

随着人们对放射性衰变的进一步了解，科学家们为确定岩石甚至生命物质的年代开辟了巧妙的方法。其中最著名的是放射性碳定年法，它在考古学中被广泛使用。

放射性碳定年法

所有生物都从环境中吸收碳，其中包括少量的碳-14。碳-14是一种半衰期为5730年的轻度放射性同位素，在地球的大气层、海洋和陆地表面都可以找到它的踪迹。

- 大气层中的碳-14是在宇宙射线撞击二氧化碳分子时稳定地产生的。因此碳-14与碳-12的比例几乎保持不变。
- 生物体不断地与环境交换碳，因此两者含有类似比例的碳-14。
- 当生物体死亡时，碳-14的交换停止。由于放射性衰变，遗体中碳-14的比例会逐渐减少，与此同时遗体本身也在不断分解。

碳定年法的局限性

- 每个连续的半衰期都会减少已经很小的碳-14的比例，所以从统计学角度分析，年代久远的材料的测量结果将变得不那么准确。
- 在实践中，这意味着碳定年法只对6万年以内的有机物适用，而且其精度在较为古老的样品中迅速下降。
- 环境中碳-14的比例受到地球气候、宇宙射线强度和其他现象（包括现代科技）的影响。
- 因此，测量结果必须根据历史记录进行校准。

测定地球的年代

碳定年法可用于年代较近的有机物，但对于年代较远的自然材料，其他放射性衰变序列会更为有效。其中最重要的是铀铅测年法。

- 地质学家寻找在形成时吸收铀、但其化学成分与铅相斥的锆石晶体。这些晶体甚至能抵御数十亿年的自然破坏。
- 在晶体中发现的任何铅都必然来自铀的衰变，因此当前铅与铀的比例精准地反映了样品中衰变的比例。
- 铀-238和衰变链中其他同位素的半衰期是确切已知的，因此人们可以以小于1%的误差估测数十亿年前的岩石的年龄。

地球的内部引擎

尽管地球保留了45亿年前构成它的岩石剧烈碰撞时产生的部分热量，但大部分的地质活动是由地球深处的铀和其他放射性同位素的缓慢衰变驱动的。这些同位素是在太阳系诞生之前，在爆炸的恒星中通过核聚变产生的。

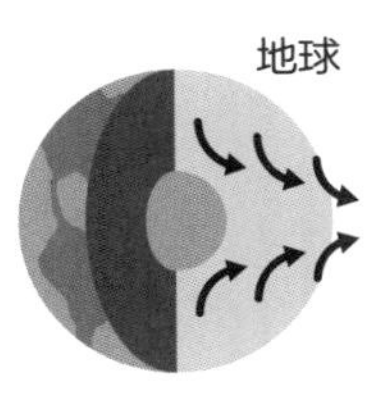

核能

放射性衰变释放的能量与将原子核结合在一起的“结合能”有关。因此，可以通过两种途径从原子核中获取能量：要么分裂原子核，要么迫使原子核结合在一起。

核结合能

将几个粒子结合在一起形成一个原子核，可以类比液体冻结或蒸汽凝结时将原子或分子结合在一起的过程。单个粒子所需的能量比它们之前的状态要少，因此它们会释放多余的能量。理论上来说，特定原子核的结合能是将其分裂成单个质子和中子所需要提供的能量。

根据爱因斯坦质能方程$E=mc^2$（其中E为物体的静止能量，m为物体的静止质量，c为光速），能量和质量是等价的。因此，一个特定的原子核释放的结合能表现为其反应前后的质量差。

- 原子核的质量与相同数量的单个核子（质子和中子）的总质量之间的差值被称为质量亏损。
- 例如，六个质子和六个中子的总质量比一个碳-12原子核的质量高约0.8%。

核裂变还是核聚变?

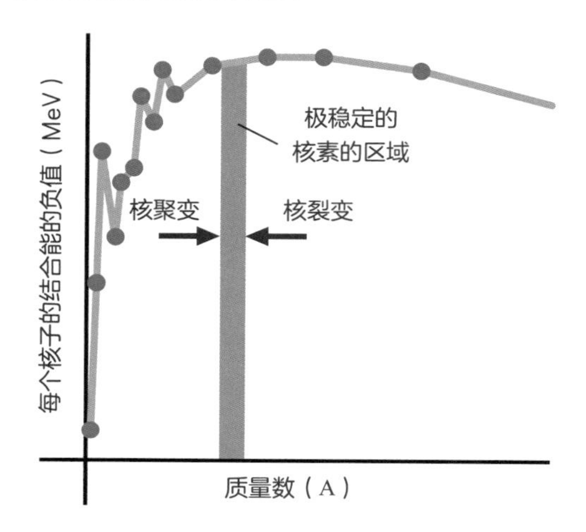

原子核的结合能并不能通过简单计算单个核子的数量直接得出，“结合能曲线”可以直观地表示这种变化：

对于铁（原子序数26）以下的元素，原子核的平均结合能会随着原子序数增加而增大，正如人们的直觉所期望的那样。此时，将较轻的核子融合在一起以制造较重的核子的过程总是会导致能量的释放。

然而，对于比铁重的元素，每个核子的平均结合能却在减少。这是因为，随着原子核的增大，与将核子吸引在一起的力程非常短的强核力相比，质子边缘间的斥力越来越强。通常来说，这意味着将重元素融合在一起会吸收能量，因此不能成为可用的能源。然而，重元素的裂变即分裂形成较轻元素的过程确实会释放能量。

聚变能

核聚变是恒星的动力来源。它不通过分裂重元素的原子核，而是通过结合轻元素的原子核来释放能量。核聚变有潜力成为地球上无穷无尽的清洁能源的来源。

恒星中的核聚变

大多数恒星的动力来源是最简单的核聚变形式：单个氢核（质子）结合形成氦核。

- 太阳等恒星中心的温度可达到1500万摄氏度，压力是地球大气层的25万倍。这使电子从原子中脱离，并使带正电的原子核以高到足以克服它们之间斥力的速度相互碰撞。
- 氢的核聚变遵循下面两个过程之一：相对较小的恒星（如太阳）中的简单质子–质子（PP）链；或者在质量更高、内核更热的恒星中的碳氮氧循环（CNO）。两者最终都将导致氦的形成。
- 虽然制造单个氦原子所释放出的核聚变能量在上述两种情况下都是一样的，但碳氮氧循环（氦原子在被释放前在较重的核内“堆积”）比质子–质子链的发生速度要快得多。
- 因此，大质量恒星会发出更亮的光芒，并在数百万年内“燃尽”其核心中的氢。而像太阳这样相对平静的恒星则需要花费数十亿年。
- 一旦类似太阳的恒星内核中可用的氢被耗尽，恒星就会经历一系列变化，进一步提高其内核的温度和压力。这使得它能够将氦核融合在一起，并可能在恒星耗尽之前发生进一步的核聚变。

地球上的核聚变

人们尝试在地球上模拟太阳中的条件，以制造核聚变。

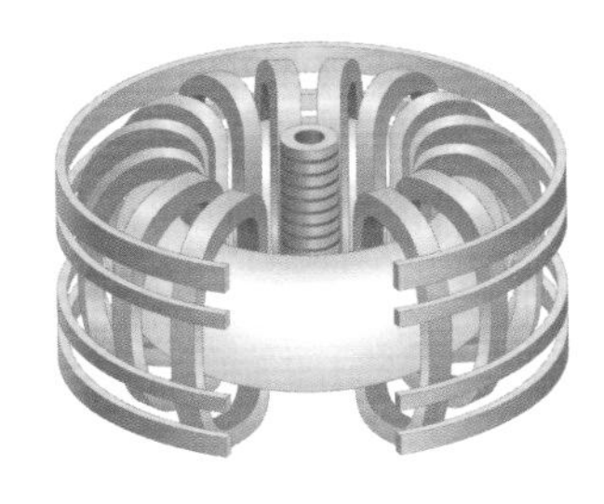

- 核聚变反应堆是一个环形容器。
- 强大的电磁铁将带电离子压缩并限制在容器内，而不接触容器壁。
- 激光、磁铁或电场将核聚变材料加热到数百万摄氏度。
- 达到将单个质子融合在一起所需的极端条件是不切实际的。因此，反应堆旨在复制更容易实现的氘和氚——出现在质子–质子链下游的“重”氢同位素的核聚变。

裂变能

在可控的条件下，核反应堆利用核链式反应，使人工分裂原子核释放的能量成倍增加。

链式反应

核电站依靠的是一种被称为“受激衰变”的过程。虽然单个放射性同位素自然衰变的精确时刻是不可预测的，但通过用另一种亚原子粒子（通常是中子）撞击不稳定的原子核，可以强制执行这一过程。其结果是裂变反应而不是典型的衰变，该过程产生两个较轻的原子核，叫作“子同位素”，有时还伴随着其他粒子（如中子）的释放。

在链式反应中，每次裂变除了释放子同位素，还释放中子。这些中子撞击附近初始的母同位素原子，继而触发其衰变。

如果一次裂变释放的中子超过一个，那么失控的级联就会被触发，释放出潜在而危险的热量、能量和辐射。减速剂是用来包裹裂变物质的材料（如石墨或用氘制成的重水），有助于吸收或减缓中子，从而降低链式反应发生的速度。

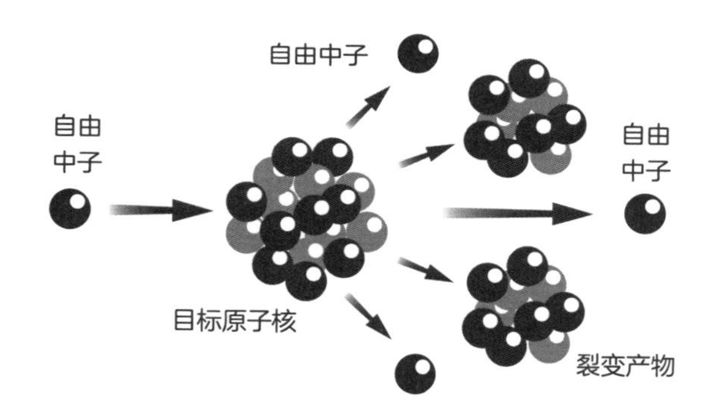

核武器

与发电站不同，核武器能够在瞬间释放由裂变或聚变产生的大量核能，将质量转化为巨大能量，具有大规模杀伤破坏效应。

原子弹

最简单的核武器直接从失控的裂变反应中获取能量。在实践中，这意味着需要形成裂变材料的“临界质量”，从而使单个衰变事件触发链式反应开始。

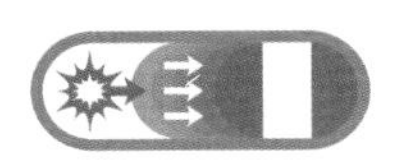

- 只有特定的放射性同位素（常见的是铀-235和钚-239）能够被密集堆放，从而为失控裂变提供动力。因此，必须对原材料进行加工或“浓缩”。
- 原子弹使用下面两种方法之一来达到临界质量：最简单的方法是使用一种枪式机制，将两个次临界质量合并为一个；较为复杂的方法是在武器中装入亚临界密度的燃料，然后通过发射常规炸药“透镜”来压缩燃料。
- 核裂变武器的一大挑战是需要防止它们在裂变反应前爆炸。我们可以“改变”包裹核心的致密材料，从而使其能够保存更长的时间，并反射原本会逸出的中子。

氢弹

以核聚变为原理的武器比那些仅依靠核裂变的武器强大好几个数量级。它们的工作原理是利用相对较小的核裂变爆炸产生的热量和压力，在周围的聚变燃料层中触发核聚变。

- 聚变材料是氢的同位素“氘”和“氚”的混合物（俗称“氢弹”）。
- 聚变爆炸产生的能量被用来触发那些本不会裂变的材料发生裂变反应（例如移除了最易裂变的同位素后留下的“贫化”铀）。
- 理论上来说，通过将多个聚变层和包层嵌套在一起，可以建造出任意威力的热核武器（尽管两级以上的武器的尺寸将会极大，难以运输）。
- 虽然核聚变本身不产生放射性产物，但裂变阶段会遗留大量危险的原子尘。

“小男孩”和“胖子”

第二次世界大战时在日本广岛和长崎上空引爆的“小男孩”原子弹和“胖子”原子弹，分别使用了铀枪式触发装置和钚内爆装置，释放的能量相当于1.5万吨和2.1万吨炸药三硝基甲苯（TNT）。

量子力学

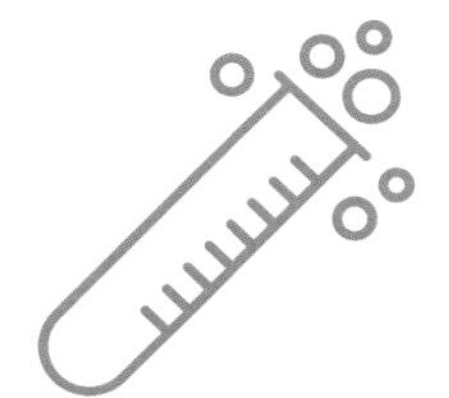

量子革命

在最小的亚原子尺度上，粒子不受经典牛顿物理学的支配，而是受量子世界的神奇属性支配。量子物理学的发现改变了20世纪初的科学。

量子化的光

1900年，德国物理学家马克斯·普朗克（Max Planck，1858—1947）提出了描述黑体辐射问题的新方法。试图预测理想辐射体在不同波长下功率输出的数学定律往往只适用于短波长或长波长，但无法同时适用于这两种波长。

普朗克给出的巧妙的数学解决方案是，想象出于某种原因，黑体以微小而独特的光包或“量子”的形式释放其能量。每个光包的能量由以下公式给出：

$E = h\nu$ 或 $E = h(c/\lambda)$

其中，h为一个常量（普朗克常量），ν为光的频率，c为光速，λ为光子的波长。

普朗克的解决方案使方程重新符合实际情况，但他并不认为除了作为黑体特有的某种奇异的发光方式，量子还有更多的意义。

光电效应

1905年，爱因斯坦引用了普朗克的想法来解释另一种令人费解的现象。光电效应是指当某些金属暴露在光线下时电流在其表面流动的现象。然而，光线的类型与能否产生电子并导致电流流动的相关性让人困惑。

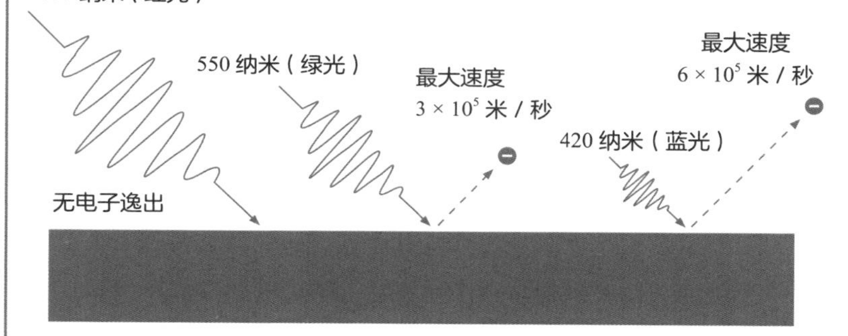

· 红光：无论强度多大都无电流产生。

· 绿光：电流随强度增大而增大。

· 蓝光：电流随强度增大而增大。

爱因斯坦认为，如果电子从单个光量子而不是从连续的波中获得能量，就可以解释这种效应。

· 传递给原子的能量受普朗克定律的制约。

· 光的强度取决于撞击表面的量子的数量。

· 较短的波长能提供更多的能量。

· 较长的波长无论强度如何，都不会在其单个量子中传递更多的能量。

后来的物理学家把光量子（或光包）称为光子。

波粒二象性

爱因斯坦证明了光波具有类似粒子的离散行为。但在20世纪20年代，物理学家开始思考相反的事实是否成立：粒子是否有时会表现出波的行为呢？

德布罗意假说

爱因斯坦的光子学说认为，尽管光子的质量不可测，但它必须以某种方式具有动量。该动量p与频率n和波长λ有关，公式如下：

$$p = hv/c \text{ 或 } p = h/\lambda$$

其中，h为普朗克常量，c为光速。

路易·维克多·德布罗意（Louis Victor de Broglie，1892—1987）在1924年的博士论文中质疑，为何相同的方程式不能反过来适用于传统的物质粒子？例如，如果一个移动的电子有动量，那么它不应该也有相应的波长吗？所谓的“德布罗意波长”可由以下公式得出：

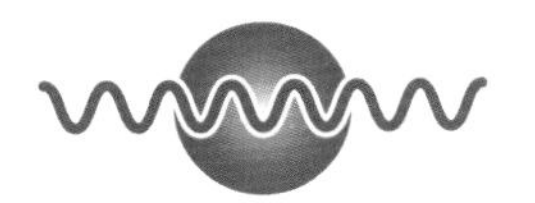

$$\lambda = (h / mv) \quad \sqrt{1 - v^2 / c^2}$$

其中，m为粒子的质量，v为速度。

从德布罗意方程中，我们可以得出如下结论：

- 除了最微小的粒子，所有粒子的波长都非常短，远远小于可见光的波长。
- 粒子的速度增加，波长会随之减小。
- 粒子的质量增加，波长也会随之减小。

因此，只有最小的亚原子粒子才会显现出波的特性。

粒子的双缝实验

1800年，托马斯·杨著名的双缝实验证实了光产生干涉图样的方式，结束了一个世纪以来关于光的本质的争论。在20世纪20年代中期，克林顿·戴维森（Clinton Davisson，1881—1958）和雷斯特·革末（Lester Germer，1896—1971）证明了电子在镍表面发生衍射时也会产生类似的干涉效应。

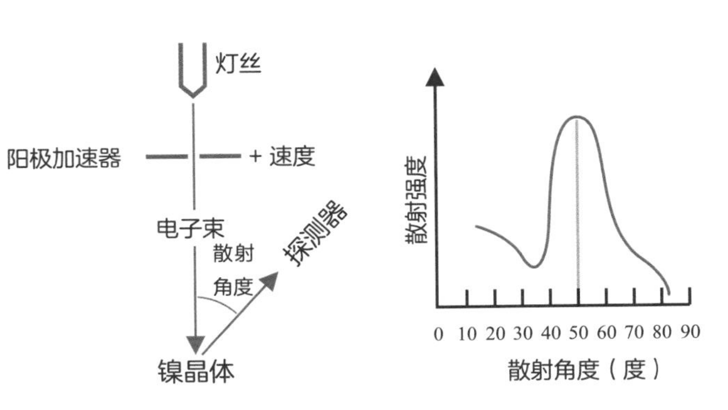

- 电子枪（类似于阴极射线管）将一束扩散的电子流射向一面带有两条平行狭缝的屏障。
- 电子会形成一个复杂的干涉图样。它们以类似于光波的方式衍射，形成相互干涉的波纹。
- 双缝实验中的干涉效应只适用于最小、最轻的亚原子粒子。

电子显微镜

亚原子粒子的波长远远小于光的波长。电子显微镜利用这一特性，以可见光无法实现的放大倍数来呈现微小物体的精确图像。

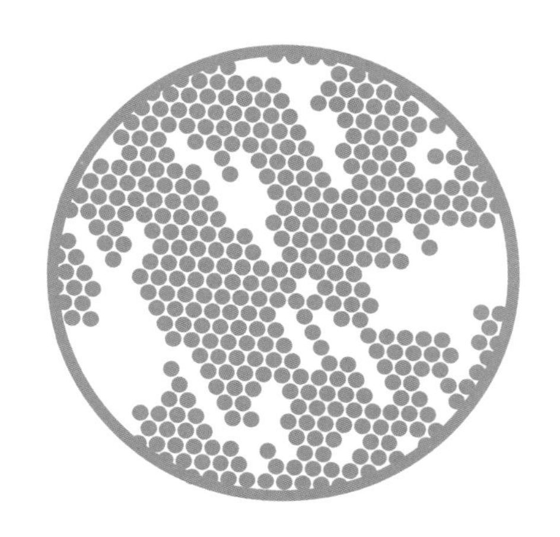

透射电子显微镜

简单的透射电子显微镜（TEM）于20世纪30年代早期问世，其原理是使电子束穿过极薄的材料样品：

- 阴极射线束把电子发射至目标。
- 电子穿过样品时会受到散射和衍射的影响。
- 电子可在带有荧光涂层的屏幕上产生图像，或被胶片表面吸收并发生化学变化（可类比于感光胶片）。
- 通过这种方法产生的图像具有高达1000万倍的放大率。

扫描电子显微镜

20世纪50年代，更先进的扫描电子显微镜（SEM）诞生。它通过检测电子从反射表面反弹的方式形成图像，从而能够对三维物体以及较大的样品精确成像。

- 电子束在样品上高速来回扫描。
- 电子从表面反弹并产生散射和衍射。
- 探测器收集反射的电子，并利用它们来构建表面图像。
- 扫描电子显微镜的最大放大率约为100万倍。

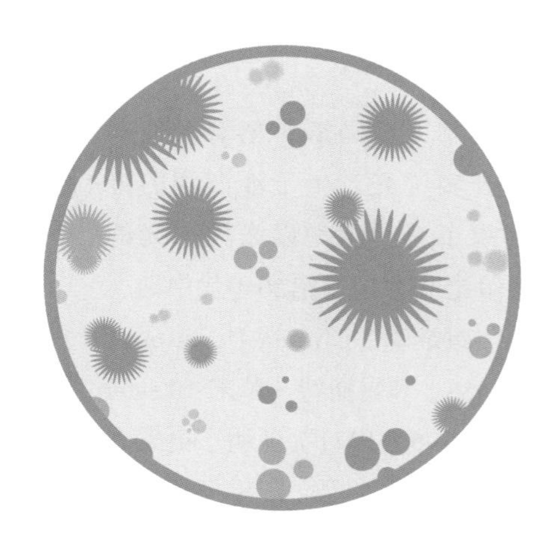

量子的波函数

既然量子粒子亦能表现出波的性质，那么研究波的确切形状显然是意义重大的。1925年，埃尔温·薛定谔（Erwin Schrödinger，1887—1961）设计了一套方程来描述量子波的特性。

波动方程

薛定谔创造了“波函数”一词描述波的大小、形状和强度的变化，并用希腊字母Ψ（psi）表示。他建立了几种不同的“波函数方程”来描述波函数的属性和关系，其中最容易理解的是描述波函数在单维空间中随时间变化的方程（注：现实中波函数在三维空间中演化，数学表达式更为复杂）。

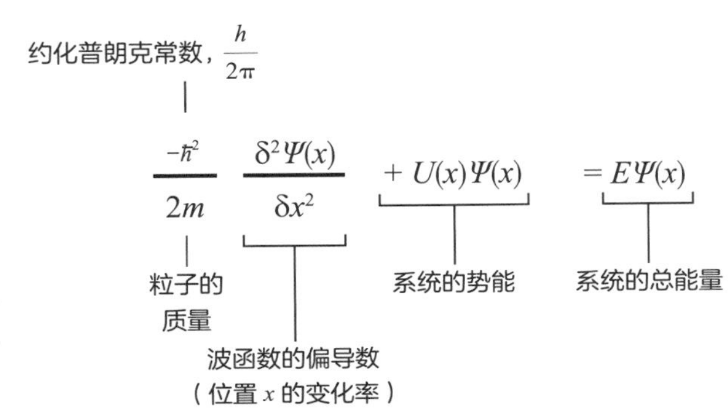

波函数的内涵

即使在今天，波函数的真正含义仍然是物理学家们争论不休的话题，关于这个命题也有好几种对立的阐释。出于实用目的，我们可以给出如下说法：

- 根据揭示粒子波动性的实验，波函数描述了特定粒子的性质在空间中的分布方式。
- 它预测了在特定的位置或根据指定的属性对粒子进行“经典式”观察的可能性。

量子隧穿

薛定谔方程是量子物理学的基础，其最重要的意义之一是解释了放射性衰变等在经典物理学中难以想象的过程。

- 经典物理观：核子被能量屏障（“势阱”）所包围，它阻止了能量有限的粒子逃逸。
- 量子物理观：原子核内含有α或β粒子。在特定的时刻，波动方程延伸到屏障之外，我们有极小的概率在此观察到粒子。

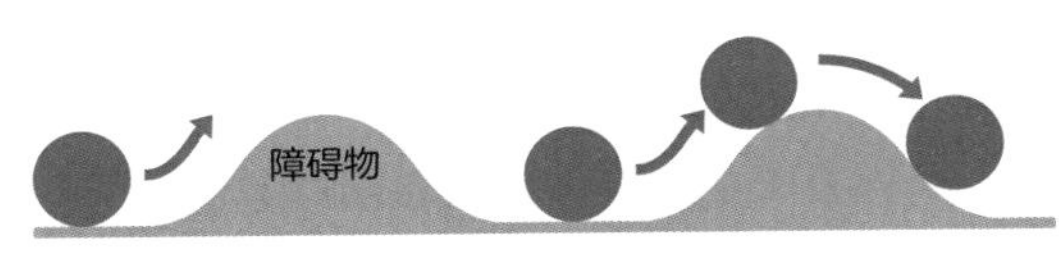

经典力学

量子力学

量子力学

量子力学是用于描述粒子的量子行为的一组特殊工具的名称。它于20世纪20年代中后期开始发展，又名波动力学或矩阵力学。

波和矩阵

量子物理学发展的早期，两种不同的方法齐头并进：

- 波动力学奠基于对波函数和薛定谔波动方程的数学处理。
- 矩阵力学通过处理一系列分布在数学网格上的值（即矩阵）预测量子的特性。

1927年，保罗·狄拉克（Paul Dirac，1902—1984）提出了“变换理论”，认为波动力学和矩阵力学实则是解决同一个基本问题的不同途径，在数学上是等效的。

$$f_{m,n} = \sqrt{\frac{h}{2\pi}} \begin{pmatrix} f_{11} & f_{12} & f_{13} & f_{14} & f_{15} & \cdots \\ f_{21} & f_{22} & f_{23} & f_{24} & f_{25} & \cdots \\ f_{31} & f_{32} & f_{33} & f_{34} & f_{35} & \cdots \\ f_{41} & f_{42} & f_{43} & f_{44} & f_{45} & \cdots \\ \vdots & \vdots & \vdots & \vdots & \vdots & \vdots \end{pmatrix}$$

波函数的坍缩

描述现实世界中量子系统的行为（如原子中的电子），意味着在某种程度上我们必须弥合两种观点的鸿沟，而这两种观点以截然不同的视角看待现实：

- 基于波函数的量子观。在这种观点中，粒子及其属性可以占据一定范围的位置和能量，因此最佳方法是用统计学中的概率来描述。
- 基于大尺度或宏观视角的观点。在这种观点中，粒子有着精确的属性。

物理学家经常把波函数看作是对一个粒子多种可能状态的描述，这些状态“叠加”在一起，如同不同波长的干涉波。出于某种未知的原因，在从量子世界向宏观世界过渡的时候，这些叠加态总是在某个时刻将自身转化为单一的观察结果。

这种转变被称为波函数的坍缩。然而，波函数的真正物理性质，以及它是否真的坍缩了，仍然是未解之谜。各种各样的量子诠释或多或少地给出了这些问题的答案。

哥本哈根诠释

哥本哈根诠释是被广泛接受的量子解释，它通过赋予观察者和测量过程举足轻重的作用，对量子波函数的坍缩进行建模。

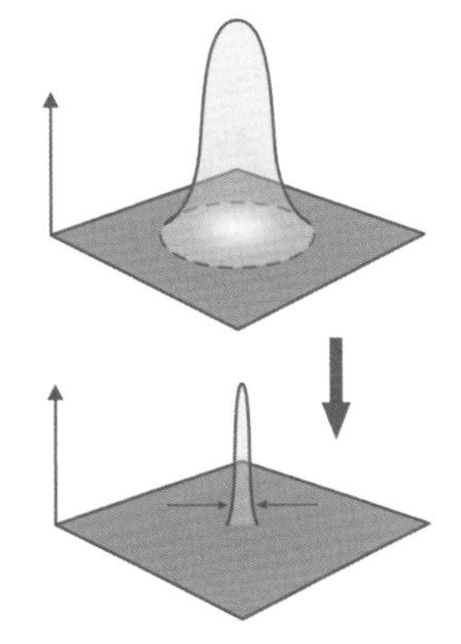

为什么是哥本哈根?

关于对波函数坍缩的理解，较为简单、知名的方法是由玻尔和海森堡（Heisenberg，1901—1976）等人在20世纪20年代发展起来的哥本哈根诠释。虽然奠基者从未正式对其下过定义，但哥本哈根诠释基于一定的指导原则之上，其中最重要的是：

- 哥本哈根诠释不考虑波函数是否客观存在，只是在以“经典”方法测量系统时，把波函数当作预测不同结果概率分布的工具。
- 一个未被观测的量子系统处于不确定的状态，这种状态可以用波函数描述；但在它被测量或观测的那一刻，波函数坍缩成一个确定的结果。

测量的意义

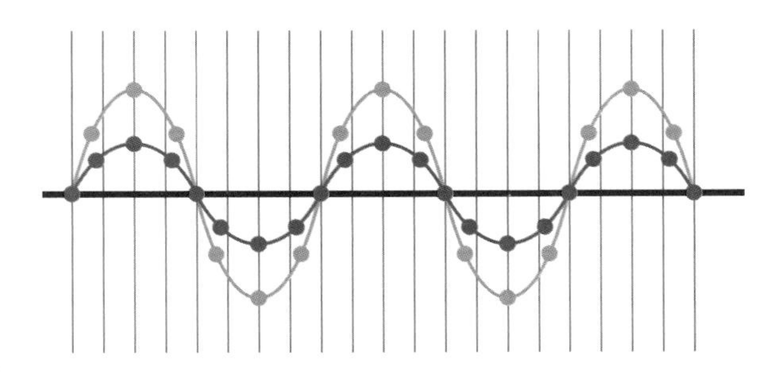

哥本哈根诠释的追随者对导致波函数坍缩的确切原因持有不同的意见。对立的理论包括：

- 退相干：根据这种流行的模型，包括测量设备在内的宏观物体有其自身的波函数。当设备与量子系统接触时，两者之间的干涉导致被测量的波函数失去稳定性或相干性，坍缩成单一的确定状态。
- 自发坍缩：这一理论认为，量子波函数可以自行坍缩，以量子纠缠的方式影响其周围的环境。对单个粒子而言，这种现象较为罕见；但测量装置所包含的粒子不计其数，波函数的坍缩每时每刻都在发生。因此，只要量子系统与测量设备接触（纠缠），它也会受到设备中粒子自发坍缩的影响。

海森堡不确定性原理

海森堡对量子理论采取了“矩阵力学”的方法，该方法的其中一个重要结果是揭示了测量过程中特定属性的内在联系。这使我们对量子世界的认识受到了固有的限制。

互补的属性

海森堡原理可以用下面这个简单的公式概括：

$$\Delta x\ \Delta p \geqslant h$$

其中，Δx为位置的不确定性，Δp为动量的不确定性，h为普朗克常量。

普朗克常量极小。在实践中，我们很难做到也并不需要精确地测量位置和动量的值便可满足该式的要求。

理论上来说，我们不可能同时以任意精度来测量这两个互补的值——对其中一个值进行更为精确的测量，另一个值的误差会更大。

测量还是现实?

· 位置的不确定性：物体的波长和动量知道得越精确，其位置就越难以确定。

· 波长的不确定性：物体的位置受到越严格的约束，就越难确定其波长和动量。

对不确定性原理的其中一种解释是，它仅仅反映了我们测量量子属性时的限制。海森堡最初也是这样看待不确定性原理的。但后来的物理学家得出结论：测量过程无关紧要，互补属性之间的不确定性是量子行为的内在基本属性。

更多的不确定性

尽管位置和动量之间的关系是不确定性原理著名的方面，但量子物理学方程还揭示了其他方面的内容，其中最重要的是时间与能量之间的不确定性关系：

$$\Delta E\ \Delta t \geqslant h$$

上式说明，我们不可能以任意精度确定一个系统在某一时刻的能量。因此，系统中的能量水平可以急剧波动并造成意料之外的重要效应，例如虚粒子的“凭空产生”。

薛定谔的猫

量子波函数的发现者埃尔温·薛定谔反对哥本哈根诠释所采用的坍缩论。为了指出这种理论的荒谬之处，他发明了物理学史上著名的“思想实验”。

一只猫，一个盒子和一小瓶毒药

薛定谔思想实验的原理是将量子世界的内在不确定性延伸到宏观尺度：

一只猫被关在盒子里，外界的观察者无法看到它。

盒子里有一小瓶毒药，毒药释放后，猫将被杀死。

只有当盖革计数器检测到同样在盒子里的小型放射源发射出的α粒子时，毒药释放机制才会被触发。

在实验过程中，放射源有50%的可能性发生衰变。衰变一旦发生，毒药就会被释放，导致猫的死亡。

荒谬的结果

薛定谔的主要关注点是，根据哥本哈根诠释，波函数只有在被观察到的那一刻（而不是更早）坍缩为一个确定的结果，而这种理论可能导致荒谬的结果。若依照哥本哈根的观点，在盒子被打开之前，放射源的状态仍然处于“量子叠加”中，结果并不是确定的。然而，这是否也意味着系统的其他部分也处于类似的不确定状态？在盒子被打开之前，这只猫是否莫名其妙地在生死之间徘徊？

严谨的辩论

尽管薛定谔的思维实验久负盛名，但任何企图进行实验的行为都是毫无意义的，也是非人道主义的。如果波函数在被观察到之前确实一直处于不确定的状态，那么根据其自身的设定，我们无法设计一个实验来了解这一点。无论是打开盒子抑或采取其他导致量子的不确定性坍缩成现实的举措，我们都无法捕捉到坍缩的那一刻。打开盒子后，我们总是会看到其中一种既成事实的结果。

多世界诠释和其他量子解释

尽管哥本哈根诠释已然成为波函数工作原理的标准描述，但其中仍然有许多尚未解决的问题。许多物理学家提出了替代的方法来诠释量子理论。

多世界诠释

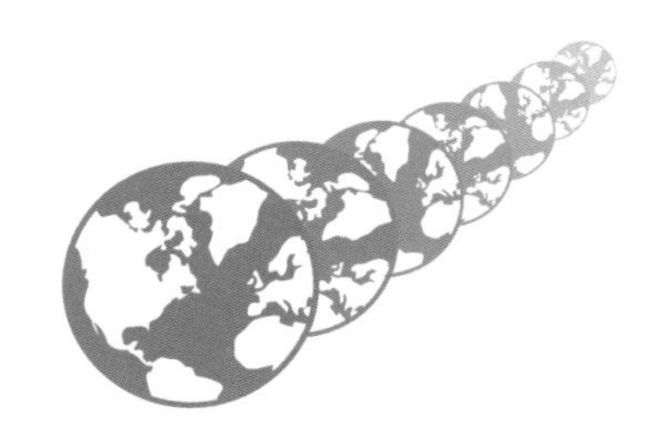

多世界诠释由休·埃弗里特三世（Hugh Everett Ⅲ，1930—1982）于1957年提出。在所有针对量子波函数的解释中，它也许是最大胆、激进的一种。多世界诠释理论认为：

- 波函数从未坍缩。
- 与之相反，每当我们“测量”一个量子系统时（换句话说，每当量子事件与大尺度宇宙相互作用时），每个可能的结果都会产生不同的现实分支。
- 因此，在多世界诠释中，我们所观察到的宇宙只是无数个多重世界中的一个。
- 因此，量子事件的结果只是反映了我们处于多重宇宙某个特定分支中这一事实。

退相干

哥本哈根诠释的几种替代方案都采用了“退相干”的概念，即波函数的“坍缩”是一种错觉：从某种特定的角度看来，它似乎已经坍缩了，而实际上波函数依然是完整的。

一致性历史诠释

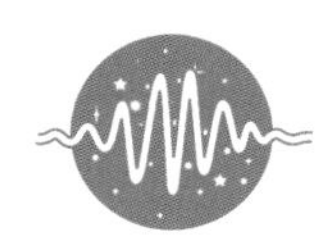

这种诠释使用了复杂的数学方法，其实质是哥本哈根诠释的扩展。它表明，波函数的真正作用并不局限于单个量子事件，而是描述整个系统的可能结果——量子事件与经典尺度事件的组合所构成的系统，尺度可以大至整个宇宙。

一致性历史诠释并不意味着所有不同的结果都会发生，甚至无法提供工具来预测特定的系统中会发生何种结果。它只是一种用以描述我们观察到的宇宙的数学手段，并且回避了波函数坍缩的问题。

系综诠释

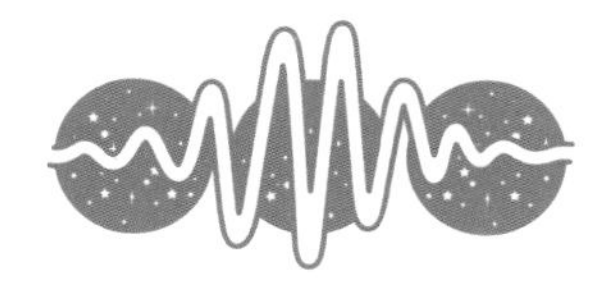

系综诠释是受爱因斯坦青睐的量子世界观。它把波函数想象成描述一个巨大的阵列或一组相同系统（有点类似于埃弗里特的多世界诠释理论）的结果，而波函数决定了我们处于这些世界中的哪一个。然而，该理论同样没有提供预测的工具。

量子数和泡利不相容原理

与我们的日常经验相反，亚原子粒子的许多属性是“量子化”的。它们不是连续变化的，因此我们只能采用由“量子数”表示的离散值。

量子化的属性

量子数是描述量子化的亚原子属性值的乘法因数。它可能是一个基本单位的倍数（如电荷），或是有助于区分的无量纲量。例如，在原子中运动的电子，其位置和能量由四个关键量子数描述：

- 主量子数n。
- 角量子数l。
- 磁量子数m_l。
- 自旋投影量子数m_s。

泡利不相容原理

在沃尔夫冈·泡利（Wolfgang Pauli，1900—1958）提出的原理中，量子系统（如原子）里的两个物质粒子不会拥有完全相同的量子数的集合。这就解释清楚了许多悬而待决的疑难问题。例如，为何围绕原子运行的电子不会直接落向靠近原子核的最低能态，而会采取复杂的电子壳层模式。

作为量子系统的原子

四个关于电子的量子数定义了包裹着原子的电子壳层的结构。

- 主量子数n定义了总壳层数。
- 角量子数l定义了“亚壳层”。
- 磁量子数m_l定义了特定的电子“轨道”。

随着n的增加，l的取值区间在增大；随着l的增加，m_l的取值区间也在增大；同时，自旋量子数m_s则总是只有两个可能的取值。

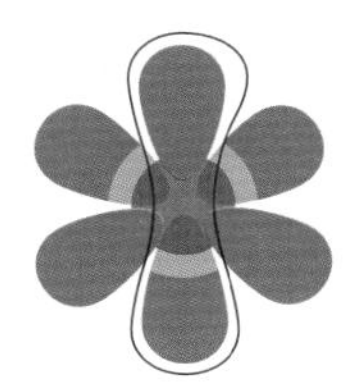

n在1到4间取值时，n、l和m_l的关系

n	l可能取值	亚壳层符号	m_l可能取值	亚壳层轨道数
1	0	1s	0	1
2	0	2s	0	1
	1	2p	1，0，−1	3
3	0	3s	0	1
	1	3p	1，0，−1	3
	2	3d	2，1，0，−1，−2	5
4	0	4s	0	1
	1	4p	1，0，−1	3
	2	4d	2，1，0，−1，−2	5
	3	4f	3，2，1，0，−1，−2，−3	7

从周期表中我们可以归纳出，离原子核越远的亚壳层，其电子轨道的范围越大。每个轨道只能被两个具有相反自旋量子数的电子占据。

自旋

自旋是量子化的亚原子粒子的特性，可类比于经典力学中粒子的角动量。这是一种特殊而实用的属性，有助于我们对粒子进行基本的分类。

什么是自旋

我们通常把自旋描述为亚原子粒子围绕其轴线以顺时针或逆时针的方式旋转的过程。然而，这仅仅是一种比喻。在现实中，自旋是完全不同的：它不是由经典意义上的物理旋转引起的，而是“量子化”的，所以粒子的自旋只能取一定的值（而不是连续变化），而且自旋的相加方式与电荷（而不是角动量）更加接近。

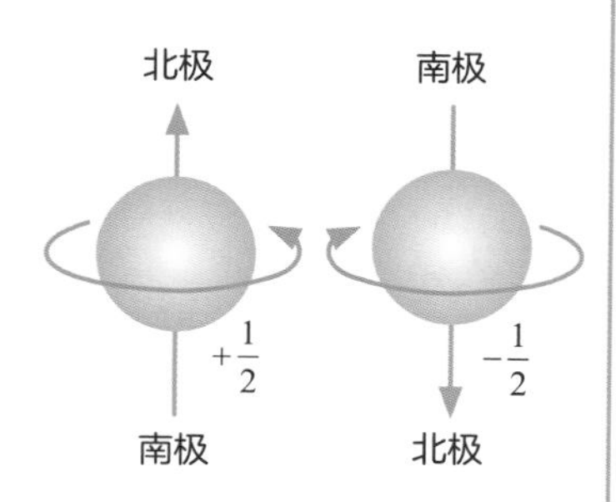

自旋有正负之分，取决于它与粒子磁场的关系。这对原子的结构至关重要，因为电子两种可能的自旋值（$+\frac{1}{2}$和$-\frac{1}{2}$）使得一对电子能够共享同一个原子轨道而不违背泡利不相容原理。

费米子和玻色子

不同的自旋值有助于区分自然界中两种基本的粒子类型。

- 具有半整数自旋的粒子（如电子）被称为费米子，而自旋值为整数（包括零）的粒子被称为玻色子。
- 只有费米子受到泡利不相容原理的影响，所以它们的行为方式与玻色子截然不同。
- 在自然界的基本（不可分割的）粒子中，所有已知的构成物质的粒子都是费米子，而玻色子仅仅作为无质量的“信使粒子”以传递相互作用力。

自旋的应用

磁共振成像是一项非常重要的医疗技术，用于研究人体的软组织。无线电波和磁场用于迫使质子（这里指氢核，在构成人体的水分中含量非常丰富）的自旋方向保持一致。原子核被允许回到初始的自旋方向时会发射无线电波，而我们可以依此绘制出人体器官的结构图。不同区域的原子核复原时间与不同组织的属性有关，这一原理使得磁共振成像成为强大的诊断技术。

超流体与超导体

泡利不相容原理适用于所有的费米子（物质的基本粒子），对物质的构成极为重要。极少数情况下这个原理不再适用，此时，神奇的现象就会出现。

超流体

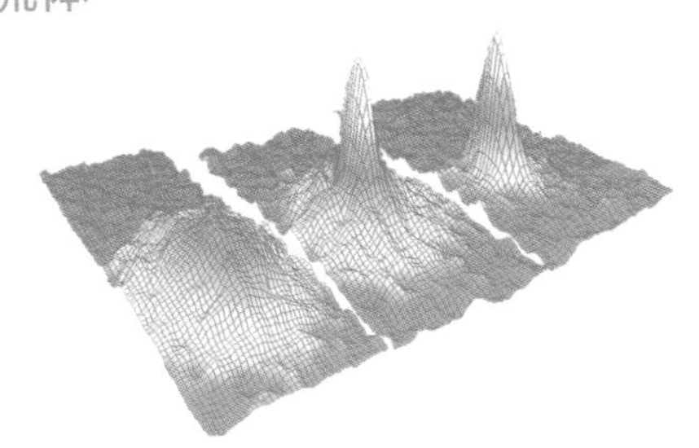

尽管基本物质粒子都是费米子，但还有一类粒子，即玻色子，不受泡利不相容原理约束。这类粒子的自旋数为整数或零，并遵循一套截然不同的量子规则，即玻色–爱因斯坦统计。

虽然自然界中唯一存在的单粒子玻色子是无质量的、传递力的“信使粒子”（如光子），但物质粒子也可以组成复合玻色子。

当偶数个费米子结合在一起时，就会形成复合玻色子：自旋相加的法则与电荷相似，因此，若把两个自旋相等或相反的费米子结合起来，就会分别产生1或0的净自旋。

$$\text{自旋}+\frac{1}{2}+\text{自旋}-\frac{1}{2}=\text{自旋}\ 0$$

$$\text{自旋}+\frac{1}{2}+\text{自旋}+\frac{1}{2}=\text{自旋}1$$

无论有多少对费米子相互结合，同样的法则也是适用的。因此，诸如氦–4之类的原子（含有两个中子、两个质子和两个电子，这些粒子都是费米子）可以表现出玻色子的行为方式：

- 在正常温度下，由复合玻色子构成的粒子含有足够的能量，从而能够稳定保持在各种不同的物态。但当它们被冷却到临界水平以下时，所有的原子都会落入一种新的物质状态，我们称之为玻色–爱因斯坦凝聚（BEC）。
- 在玻色–爱因斯坦凝聚状态下，所有粒子的行为方式如同一个巨大的粒子体，并显现出奇异的行为（例如完全没有内部摩擦），因此它们能够作为“超流体”快速运动。

超导体

当某些材料被冷却到极低的温度时，电子可以聚集在一起形成微弱结合的“库珀对”，并与复合玻色子的行为方式相似。与超流体一样，它们共享相同的量子属性，从而减少了与周围环境的相互作用，并使电子以无摩擦的方式流动而不受任何电阻影响。这时，材料就变成了对电流极其高效的“超导体”。

量子简并

泡利不相容原理非常强大。在某些极端情况下，它是阻止物质完全坍缩到最低可能能态的唯一因素。

简并的物质

当物质被压缩到一个极小的空间时，简并便会发生。在高密度下，物质高度集中且位置也受到了限制，由于不确定性原理，其动量和动能也更加难以确定。其结果是，在极小的运动范围内，粒子以极高的速度相互推挤，产生一种“简并压力”，抵抗物质受到进一步压缩。

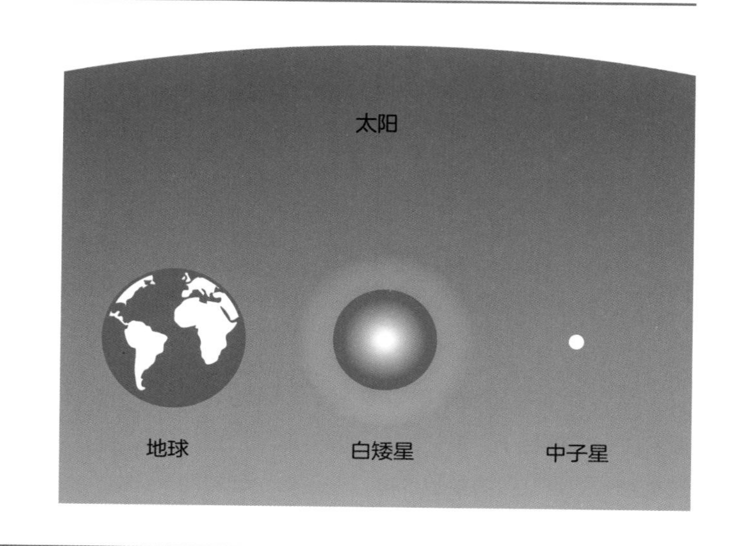

简并的恒星

简并的物质常出现在坍缩恒星的核心。当一颗恒星坍缩时，其辐射产生的向外压力停止，核心开始在其自身重力的牵引下向内坍缩。对像太阳这样的恒星来说，坍缩可能是缓慢而稳定的，而对质量相对较大的恒星来说，坍缩可能是近乎瞬时且极其剧烈的。

- 在诸如太阳之类的恒星中，当核心中的自由电子发生简并时，坍缩就会停止。此时它可能已经坍缩到与地球的大小相当，成为一颗温度极高并缓慢冷却的白矮星。
- 在高质量的恒星中，核心最终耗尽时会导致恒星突然向内坍缩，并产生足以克服电子简并压的冲击波。由于泡利不相容原理，电子被迫与质子融合在一起，形成不带电的中子并挤在一个小得多的空间里。
- 当核心减小到只有几千米宽时，中子之间的简并压力最终使坍缩停止，留下一个约为人类城市大小的恒星残骸，我们称之为中子星。
- 理论上来说，一颗恒星的坍缩有可能极其剧烈，甚至能克服中子的简并压力。随后，粒子分解成其微小的构成单位“夸克”，而夸克可以在更小的尺度上产生自身的简并压，其直径只有几千米。

量子纠缠

量子不确定性的影响不仅适用于单个粒子，还可以延伸到包含彼此相关、相互依赖的对象的系统中。这便是所有量子效应中最奇异的一种，爱因斯坦称之为“鬼魅般的超距作用”。

相互束缚

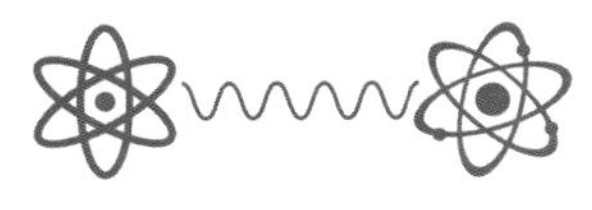

量子纠缠是微观粒子状态之间的一种内在联系，这种无形的联系使它们能够即时共享信息。无论粒子之间的距离有多大，它们仍然被量子纠缠束缚在一起，因此，实际上信息在它们之间的传播速度可以超越光速。

当某特殊过程作用于一对亚原子粒子之上以确保它们的量子属性彼此相关时，量子纠缠就会出现：

- 一个经典的例子是迫使一对电子趋向相同的量子态。为了遵循泡利不相容原理，它们将不得不采取$+\frac{1}{2}$和$-\frac{1}{2}$的相反自旋。
- 我们可以在不直接测量任何一个粒子的自旋状态下建立起这种关系，因此这对粒子的波函数得以保持，不会坍缩。
- 当我们测量其中一个粒子的自旋状况时，另一个粒子的波函数将立即坍缩为相反的状态，而无须信号在其间传递。

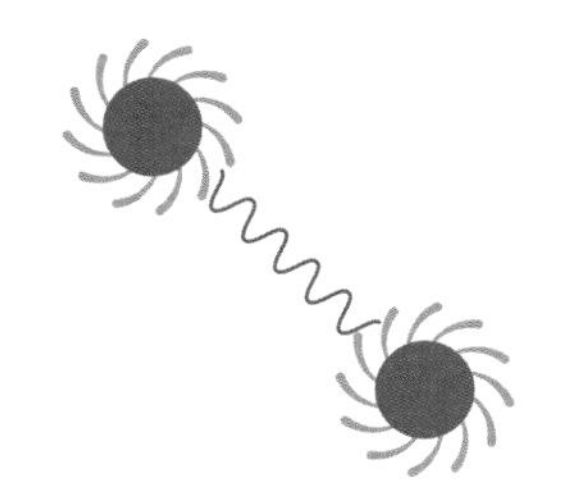

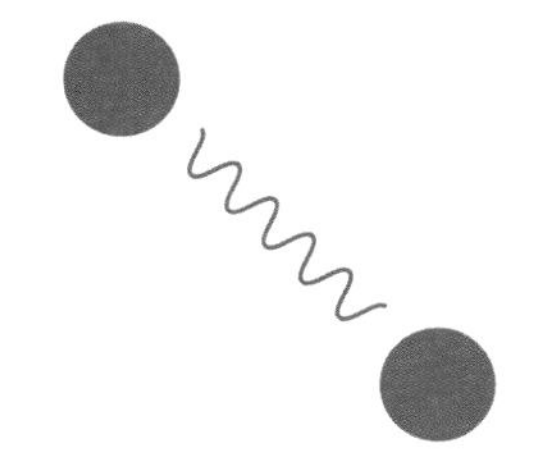

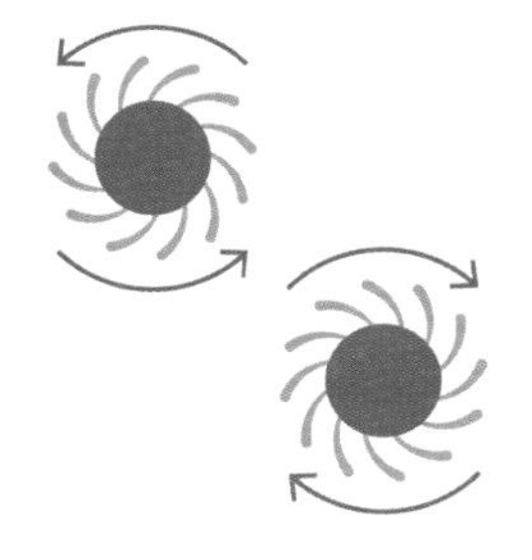

量子传输

尽管与我们在《星际迷航》中看到的那种大规模传输相去甚远，但物理学家已经成功地利用量子纠缠来完美地复制光子、亚原子粒子，甚至整个原子。这个过程的原理是使用纠缠量子对的其中一个粒子来“扫描”目标粒子。这也将同时修改其“纠缠伙伴”，从而得以制造原始主体的复制品。从理论上讲，该技术有可能将物体瞬间传输到遥远的所在。唯一的问题是原始主体在此过程中会遭到严重的破坏。

量子计算

人们一直梦想着建造一台能够解决看似不可能问题的计算机。依托量子物理学原理，这个梦想照进了现实。

量子比特

量子计算机是利用各种量子效应来对数据进行操作的设备。具体来说，它们将数据存储在量子比特里（可类比于二进制中的比特），而这些粒子处于由波函数描述的所有可能状态的叠加态中。一个量子比特可以同时表示所有可能的状态。对单个量子比特来说，这只是从数字0和1中二选一；但因为一个量子比特可以同时表示两个值，随着更多的量子比特被耦合在一起，所有可能状态的数量呈指数级增长：

1个量子比特 = 2种状态
2个量子比特 = 4种状态
3个量子比特 = 8种状态
n个量子比特 = 2^n种状态

因此，举例来说，由64个耦合的量子比特组成的系统可以表示1.84×10^{19}种可能的状态，而测量过程会使系统的组合波函数瞬间坍缩并得出一种解。因此，量子计算机有潜力成为一种有效的方法，以解决拥有大量可能解的“穷举”问题。

新兴技术

虽然理论上，量子计算具有巨大的潜力，但在将其付诸实践的过程中，我们仍面临着极大的挑战。

量子比特本身可以是任何能够进入量子叠加态的粒子（包括原子、离子、光子和单个电子），但它必须以某种方式与外界完全隔离，以防止波函数“退相干”。

因此，量子计算的进展一直非常缓慢。建立一个真正具有多个量子比特的系统仍然困难重重，号称拥有高达2000个量子比特的系统仅仅局限于高度专业化的设备，而不是更为通用的计算机。

粒子物理

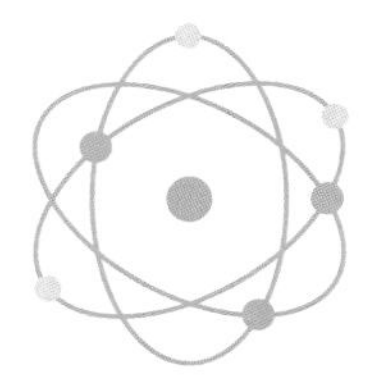
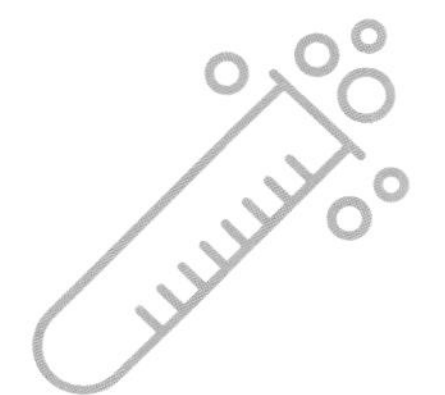

粒子大观

粒子物理学是物理学的一个分支，主要关注宇宙的基本组成部分——构成物质的基本粒子，以及将它们结合在一起的力。

基本粒子

目前公认的观点为，基本粒子是不能再进一步分割的粒子：

- 存在于所有原子中的带负电的电子是基本粒子。
- 原子核的质子和中子不是基本粒子，因为它们都由三个更小的粒子（即夸克）组成。
- 光子，俗称光的“波包”，也是基本粒子。

粒子的分类

物质粒子通过不同的方式分类，具体取决于它们是否受到不同基本力的作用：

带有电荷的粒子受到电磁力的作用。

有质量的粒子受到引力的影响。

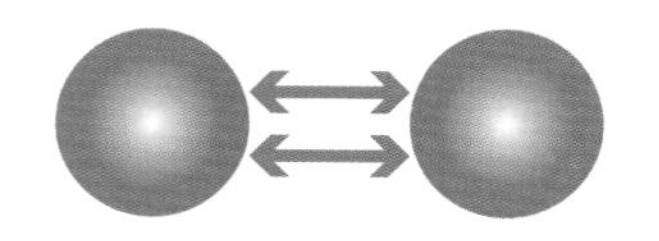

夸克受到强核力和弱核力的影响。

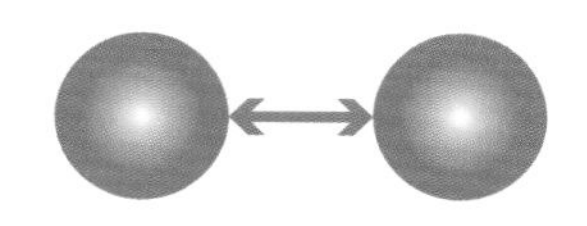

轻子（如电子）只受到弱核力的影响。

构成物质的基本粒子（包括夸克和轻子）被称为费米子，而负责在它们之间传递力的粒子被称为玻色子。

反物质

简单来说，反物质是由与普通物质所带电荷相反的基本粒子组成的物质。

反物质粒子在宇宙中较为罕见，因为它们一旦与普通物质接触就会湮灭，并以能量爆发的形式消失［通常为γ（伽马）射线］。

夸克

夸克是在质子和中子等重亚原子粒子中发现的基本粒子。我们从未单独观测到夸克，但各种实验已经证明夸克确实存在。

夸克的世代

通过实验，人们确定了三代夸克的六种“味”：上/下、奇/粲和顶/底。在宇宙的日常物质中，我们只发现了上夸克和下夸克，而其他夸克只有在粒子加速器释放出巨大能量时才会短暂出现。

电荷为$+\frac{2}{3}$的夸克：上、粲、顶

电荷为$-\frac{1}{3}$的夸克：下、奇、底

夸克的结合

夸克的结合方式多样，可以两两配对，也可以三个或更多粒子的形式结合在一起。夸克结合而形成的粒子被称为强子，而强子又被细分为介子和重子。

- 介子含有偶数个夸克（通常是两个，由一对夸克-反夸克组成），寿命仅在瞬息之间，湮灭之前就会衰变，产生其他粒子。

常见的介子为3种π介子：

π^+= 一个上夸克+一个反下夸克

π^-= 一个下夸克+一个反上夸克

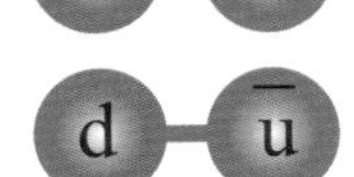

π^0= 一个上夸克+一个反上夸克

或 一个下夸克+一个反下夸克

- 重子含有奇数个夸克（三个或更多），包括质子（两个上夸克，一个下夸克）和中子（两个下夸克，一个上夸克）等日常物质粒子。

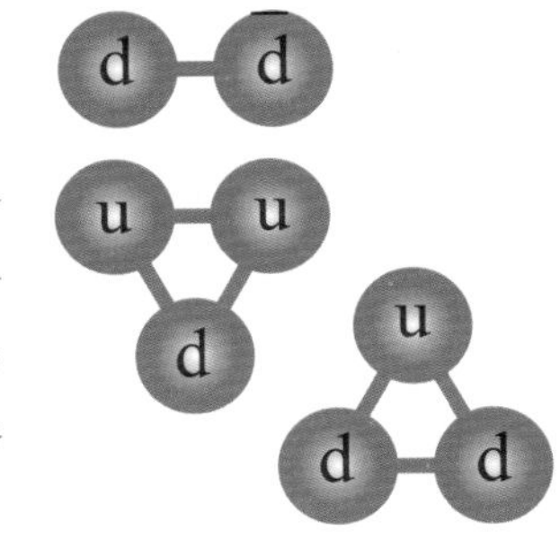

夸克的联结

将夸克捆绑在一起的最重要的力是强核力，这是一种极为强大的力，只在非常近的范围内有效。在重子或介子内部，夸克通过一种被称为“胶子”的粒子的交换而结合在一起。重子和介子本身通过复合介子粒子的交换而更为微弱地相互结合。其中，我们熟悉的质子和中子是通过交换π介子而结合在一起的。

夸克的命名

乔治·茨威格（George Zweig，1937—）和默里·盖尔曼（Murray Gell-Mann，1929—2019）于1964年分别提出夸克的存在，将其作为对较重的强子粒子分类的方法。起初，他们发现一个粒子中含有三个夸克，因而盖尔曼以詹姆斯·乔伊斯（James Joyce，1882—1941）《芬尼根的守灵夜》（*Finnegans Wake*）中一个荒诞的句子为其命名：“向麦克老人三呼夸克！”

轻子

轻子是相对较轻的费米子粒子，强核力对其不起作用。与夸克一样，轻子有三个成对的“世代”；但在每一代中，两个“伙伴粒子”都极为不同。

电子及其盟友

我们最为熟悉的轻子是电子（以e^-表示）。它的质量为质子的$\frac{1}{1836}$，是带有负电荷的费米子，在原子的外层轨道中运行。

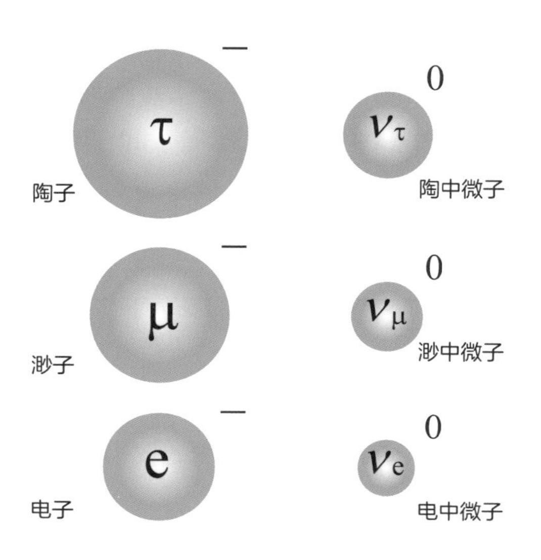

在高能条件下，质量更高的负电荷粒子渺子（μ^-）和陶子（τ^-）的行为模式与电子类似。

电子、渺子和陶子各自与称为中微子的粒子配对。中微子的质量要低得多，且不带电荷。这些粒子可以直接穿过大多数形式的物质而不发生相互作用。它们以希腊字母ν（字母名称nu）加下标（即粒子名）来表示。

轻子的相互作用过程中经常会涉及电荷的失去或获得（以负电子或其带正电的反物质正电子的形式）；而中微子的得失则可以平衡系统的整体自旋。

捕获中微子

为太阳提供动力的核聚变反应会产生数量巨大的中微子。将两个质子（氢核）融合在一起形成一个氘核，其中的一个质子转化为中子，释放出电荷并停止自旋：

$$p^+ + p^+ \rightarrow {}^2H\ (p^+ + n^0) + e^+\text{（正电子）} + \nu_e\text{（电中微子）}$$

不计其数的太阳中微子每时每刻都会直接穿过地球。天文学家利用位于深藏在地下的巨型切连科夫探测器对其进行研究，以保护它们不受其他粒子的影响。然而，中微子在离开太阳的过程中会从一种形式振荡到另外一种，其中只有电中微子可以用这些仪器直接测量。

探测粒子

物理学家使用各种方法来探测亚原子粒子和基本粒子，其来源可以为自然界，也可以在粒子加速器中人工制造。

早期的探测器

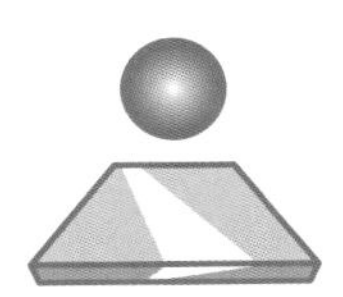

· 电离室：1911~1913年，维克托 · 弗朗西斯 · 赫斯（Victor Franz Hess，1883—1964）通过电离室发现了宇宙射线（即来自太空的粒子）。

· 云室：当粒子通过含有过饱和水蒸气的密封空间时，会形成“云迹”。云室周围的磁场可以用来测量粒子电荷的极性及其荷质比。

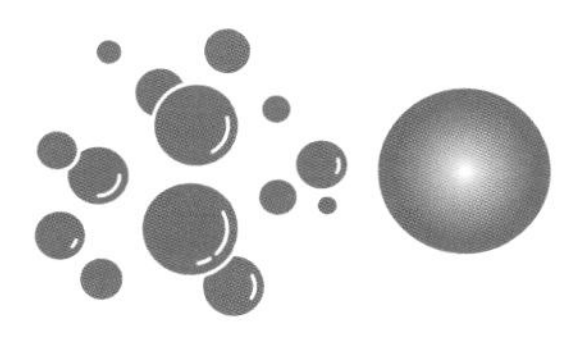

· 气泡室：当粒子通过超过沸点但无法自然沸腾的透明液体时，会留下气泡的痕迹。

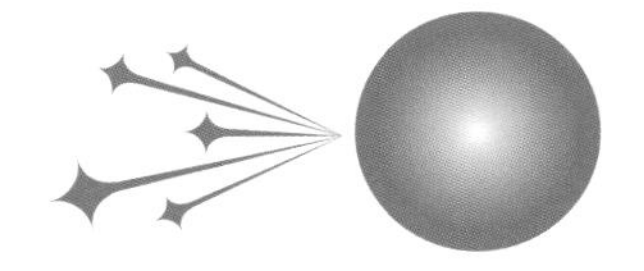

· 火花探测器：工作原理类似于盖革计数器，粒子使气体电离，并在通过电离气体时触发电火花。

现代的探测器

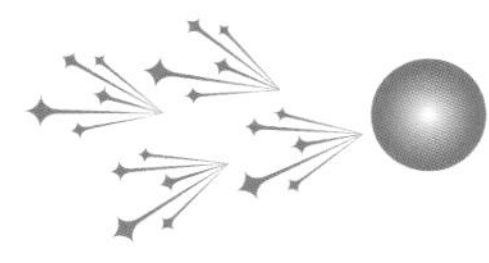

· 漂移管：漂移管是具有与火花探测器相同原理的复杂变体。它通过由多条窄间距的金属丝组成的网格，追踪粒子在三个维度上的路径。

· 电子探测器：电子探测器使用层层包裹在碰撞室周围的固态硅电路（类似于照相机的电荷耦合器件）来记录通过它们的粒子。

· 切连科夫探测器：在这种探测器中的介质里，光的折射率较高且速度较慢。通过该介质的粒子速度能够超过光速，并产生切连科夫辐射、发出闪光，从而被围绕该介质的光探测器阵列捕获。

基本力

自然界的四大基本力控制着宇宙万物的所有相互作用。尽管引力似乎有些另类，遵循自身的一套法则，但电磁力、弱核力和强核力都有一些共同的特征，这表明它们以相似的方式发挥作用。

四种力

每种基本力都有其自身独特的性质：

强核力

仅对夸克起作用。

有效范围：10^{-15}米（中等大小原子核的直径）。

强度*：1。

弱核力

对一切费米子起作用。

有效范围：10^{-18}米（质子直径的千分之一）。

强度*：1/1000000（在10^{-15}米处）。

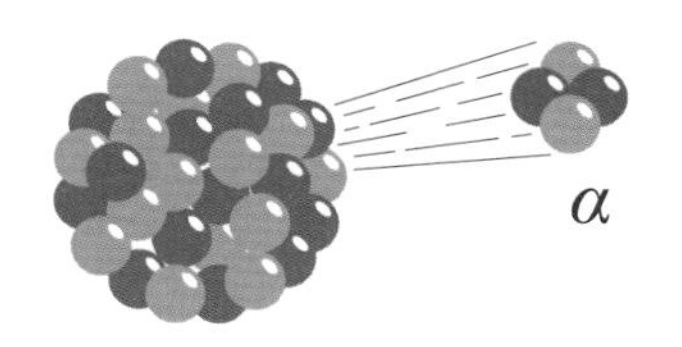

电磁力

对一切携带电荷的粒子起作用。

有效范围：无穷大。

强度*：$\frac{1}{137}$。

引力

对一切带有质量的粒子起作用。

有效范围：无穷大。

强度*：6×10^{-39}（仅在质量累积时增加）。

*为方便比较，此处规定以强核力的强度为1，其余强度以强核力为标准按比例给出。

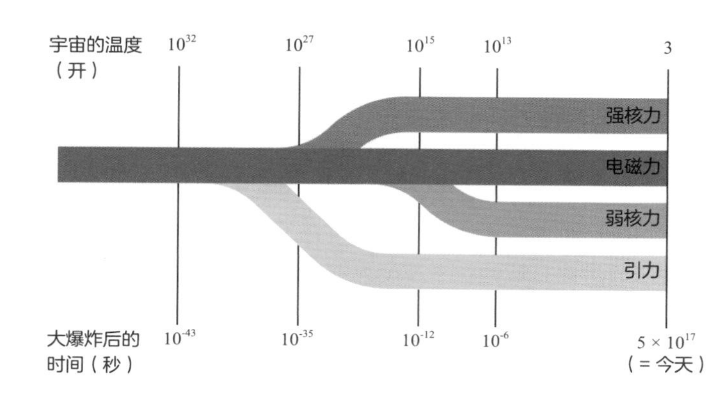

共同的起源

理论物理学家认为，这四种基本力最初是“统一”的，在大爆炸的高能环境中表现为一种单一的力。随着初生的宇宙渐渐冷却，这个原初的力逐渐分为四种。当今宇宙中，四种基本力的相通之处为这一事件的发生顺序提供了线索。

规范场论与量子电动力学

基本粒子之间的力是如何传递的？自20世纪50年代以来，物理学家们发展出了一系列“规范场论”来阐释除引力以外的三种基本力。

规范玻色子

规范场论把费米子（具有半整数自旋的物质粒子）之间的相互作用描述为自旋为1的玻色子的交换。

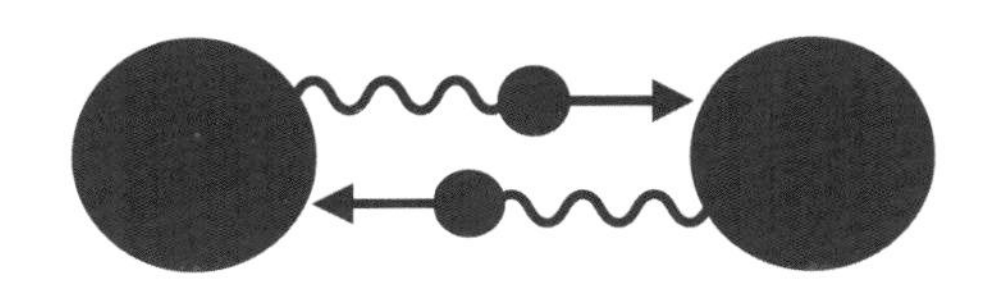

然而，玻色子从何而来？正常情况下我们不一定能检测到玻色子，因为它们可能是瞬息间生成又消亡的“虚粒子”，在被检测出来之前就已湮灭。

根据时间–能量不确定性原理，虚粒子是有可能存在的：

$$\Delta E\ \Delta t < \hbar / 2$$

因此，在极短的时间内，我们可以“借用”少许能量来创造粒子，但条件是以后要“偿还”这笔能量。

量子电动力学

量子电动力学（QED）是第一个完善的量子场论，从虚拟光子的交换角度描述电磁相互作用。

理查德·费曼（Richard Feynman，1918—1988）用简单的图示来呈现相互作用的方式，以直线表示费米子，以振荡的曲线表示玻色子。下面这幅通俗易懂的费曼图中，电子与正电子相遇后湮灭并释放出γ（伽马）射线：

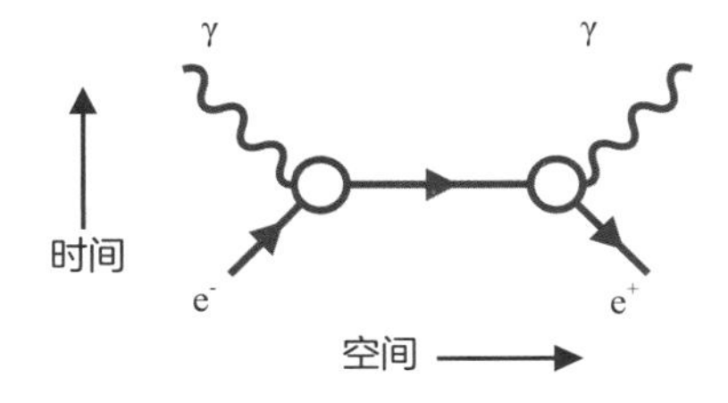

反粒子的箭头指向与正常粒子相反的方向，因此图中的两个粒子都在向其相互作用点或顶点靠近。

费曼的方法描述了系统中带电粒子和光子之间各种可能的相互作用，并估算了相应的发生概率。

量子场论

力	规范玻色子	规范场论
电磁力	光子	量子电动力学
强核力	胶子（以及复合π介子）	量子色动力学
弱核力	$W^{\pm}$和Z^0粒子	量子味动力学

强核力

顾名思义，强核力是所有基本力中效用最强的，尽管它的范围非常有限。规范场论中的量子色动力学（QCD）对其做出了解释。

一种力，两种效应

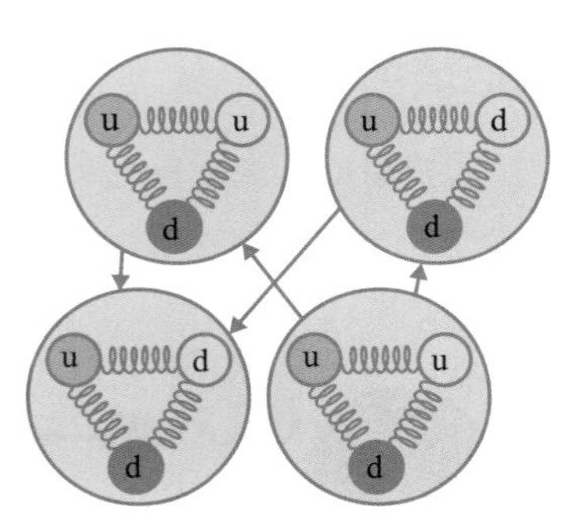

强核力在两种不同的尺度上发挥作用：

- 在单个核子（质子和中子）内部，强核力的作用最强，它通过交换名为“胶子”的虚粒子将夸克结合在一起（u=上夸克、d=下夸克）。
- 强核力的某些效应从核子中“泄漏”出来，通过交换虚π介子（夸克-反夸克对）将核子较弱地结合在一起。

夸克的颜色

夸克容易受到强作用力的影响，是因为它有被称为“色荷”的独特属性。这与我们日常接触的可见颜色或电荷无关，但我们可以用上述两者类比，从而对夸克的行为进行建模。

- 夸克的“颜色”可能是红色、绿色或蓝色的，而反夸克则是反红、反绿或反蓝色。它们所形成的组合总是保持平衡，色荷相互抵消，故而从外面看是“白色”的，通过交换胶子相互作用。
- 尽管它们总体来说是平衡的，但重子内部不同颜色夸克的分布不均意味着某些颜色会以弱化的形式“泄漏”出来，使得重子能够与附近的其他重子相互作用。这种“残余强核力”是通过交换虚π介子来传递的。

两个夸克结合成的介子：

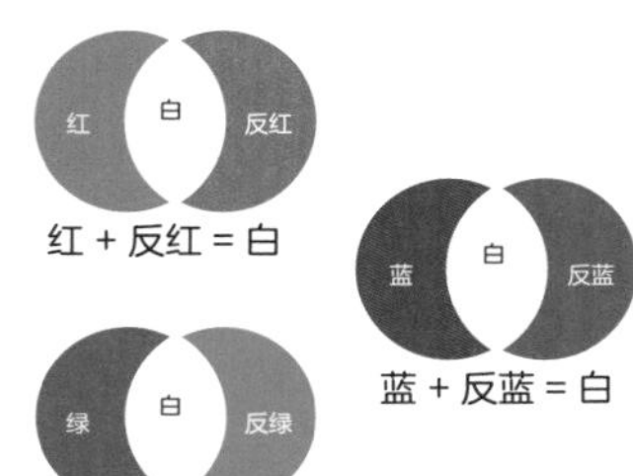

三个夸克结合成的重子：

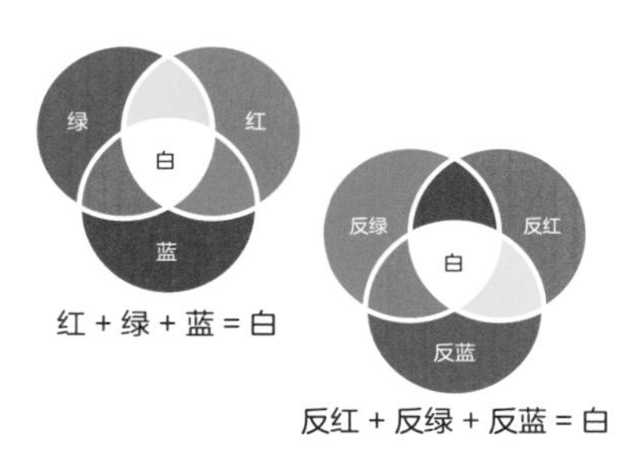

色禁闭

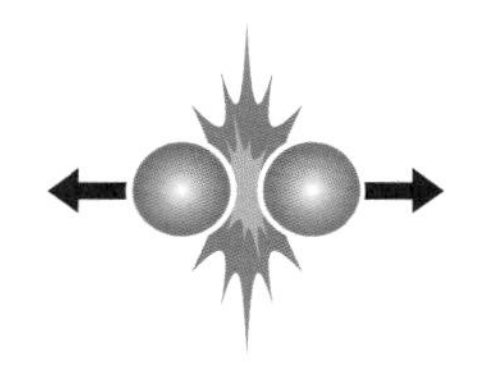

由于“色禁闭”效应，我们不可能直接观察到夸克的颜色。将两个夸克分开需要大量的能量，导致新的夸克-反夸克对自发产生，并瞬间与任何分离的碎片相结合。因此，将一个强子拆开总是会产生两个新的强子，而不是一个孤立的夸克。

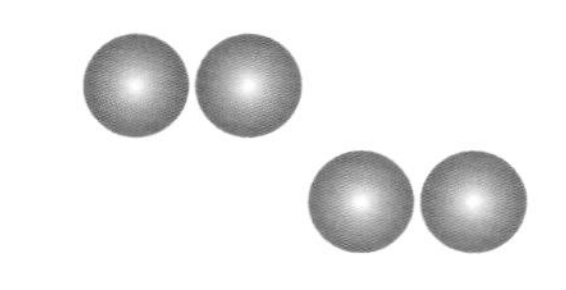

弱核力

弱核力是所有力中作用范围最小的。它也是最难理解的一种力，因为它不仅仅将粒子结合在一起，还允许它们相互转化。

“味”的改变

弱核力的规范场论所涉及的不是一个、而是三个规范玻色子：中性的Z^0，以及带电的W^+和W^-。

所有的基本粒子（包括夸克和轻子）都受到弱核力的影响，但它们的易感度受一种叫作“弱同位旋”（通常以T_3表示）的量子固有属性的制约。弱相互作用有两种不同的类型，分别为中性流相互作用和载荷流相互作用：

- 中性流相互作用的方式与其他力相同，与Z^0玻色子的交换有关。
- 载荷流相互作用涉及W^+或W^-玻色子，且能改变夸克或轻子的“味”。带电玻色子的作用方式与数学方程中的元素相同，它们将粒子转化为其“同代伙伴”时会添加或移除电荷。

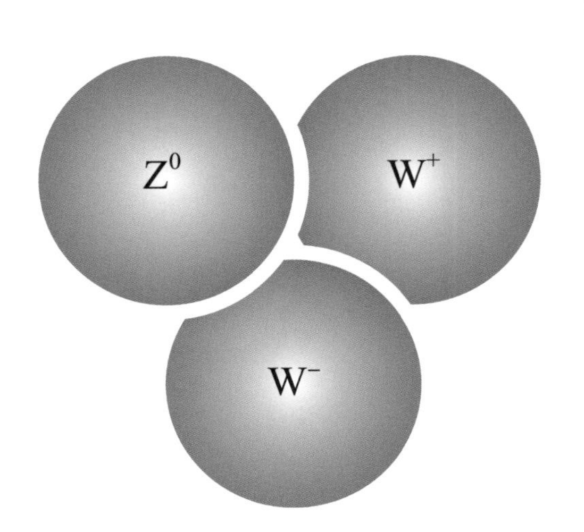

贝塔（β）衰变

- 在放射性β衰变中，不稳定原子核里的一个中子自发转变为质子，并发射出一个β粒子（电子）。

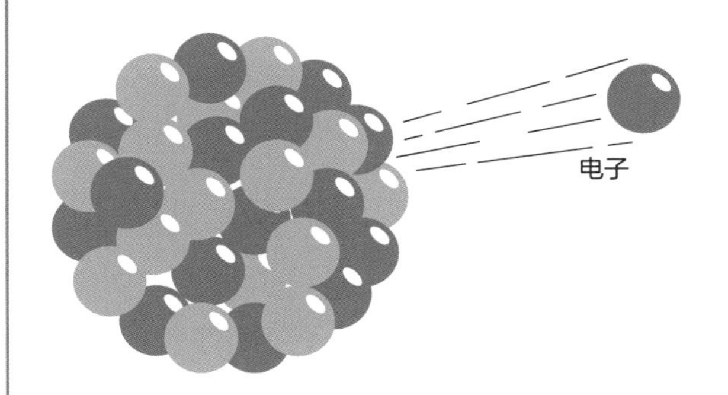

在夸克层面上理解，中子（上–下–下）转化为质子（上–上–下）的过程中需要把一个下夸克变成上夸克。W^-粒子被下夸克抛出后会“带走”一个单位电荷，夸克的“味”也会发生改变：

$$d（电荷 -\frac{1}{3}）\rightarrow u（电荷 \frac{2}{3}）+ W^-$$

（d为下夸克，u为上夸克）

W^-粒子本身非常不稳定，所以它会迅速衰变，释放能量来生成两个稳定的轻子：

$$W^- \rightarrow e^- + \bar{\nu}_e（反电子中微子）$$

希格斯玻色子

希格斯玻色子是现代物理学中最著名的粒子，也是标准模型中最后被证实的部分。它解释了弱核力中涉及的玻色子以及构成物质的费米子具有质量的原因。

希格斯场

规范场论预言，传递力的规范玻色子应该是无质量的；那为何携带弱核力的W^+、W^-和Z^0粒子质量相当大呢？

1964年，彼得·希格斯（Peter Higgs，1929—）等人提出了“希格斯机制”，在这种机制下，粒子通过与充满整个空间的场相互作用来获得质量。

与其他机制不同的是，希格斯场取非零值比取零值需要的能量更少，因此即使在能量最低的条件下，它也趋于非零值。

想象一下，两个质量相同但直径不同的球在黏性流体（如油）中下落：横截面较小的球与周围环境产生的摩擦力较小，因此其下落速度更快。

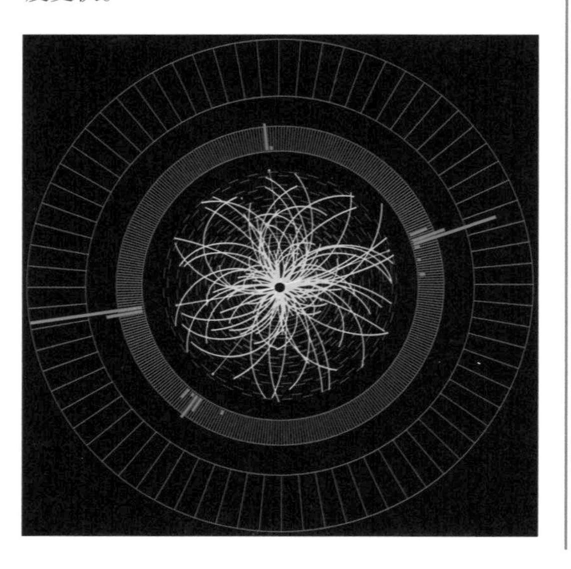

希格斯玻色子的发现

希格斯玻色子的自旋为0，没有色荷和电荷；它不是与其他基本玻色子相同意义上的“规范玻色子”。这种特殊的玻色子只在希格斯场被激发至激发态时才会出现，而这种情况只在异常物质的相变中发生。

2009年，大型强子对撞机在运行之初的主要目标之一便是寻找希格斯粒子。在首次实验中，科学家们便检测到一个质量与其他属性均符合要求的粒子。2012年7月4日，人们宣布了这一具有重大意义的发现。

已被证实的希格斯玻色子的质量为：

$$(125.18 \pm 0.16)\ \mathrm{GeV}/c^2$$

前路漫漫

单凭“希格斯机制”这一理论，还不足以解释各种费米子粒子的质量。物理学家仍在研究单个费米子如何获得额外质量；而在复合粒子中，结合能也发挥着重要作用。

对称性

为了了解粒子物理学的奥秘，科学家们将“对称性”这种几何概念延伸到一系列其他现象，包括基本粒子的属性以及与基本力有关的相互作用。

对称性是什么？

在几何学中，如果某图形在经过几何变换后仍然保持不变，那么它就是对称的。我们最熟悉的对称形式为一个物体沿特定的轴线反射，以创造其自身的“镜像”；其他形式的对称或几何对称则涉及空间中的旋转和平移：

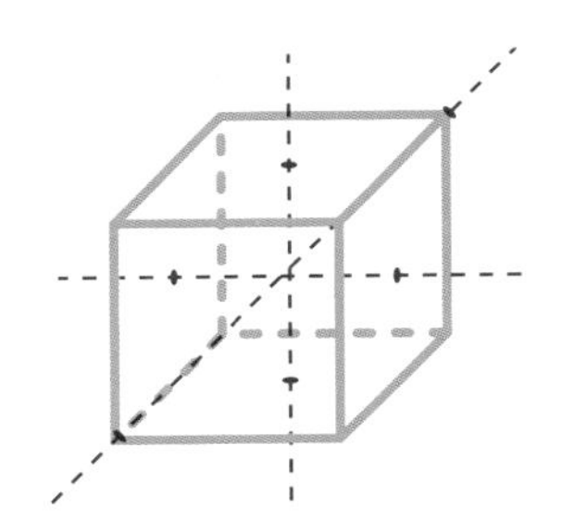

如果把特定的粒子进行统一变换后，这些粒子及其之间的相互作用力保持不变，那么从某种意义上我们可以说上述粒子及其相互作用力是“对称的”。

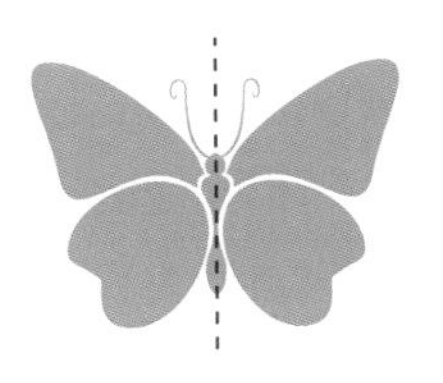

重要的粒子对称性

- 电荷共轭对称（C对称）：粒子的电荷可正负颠倒（即每个粒子可被替换成它的反粒子），而相互作用保持不变。
- 宇称对称（P对称）：粒子的方向和自旋可以被翻转，但相互作用保持不变。
- 时间对称（T对称）：时间的流动逆转后，相互作用保持不变。

对称性也可以相互组合：

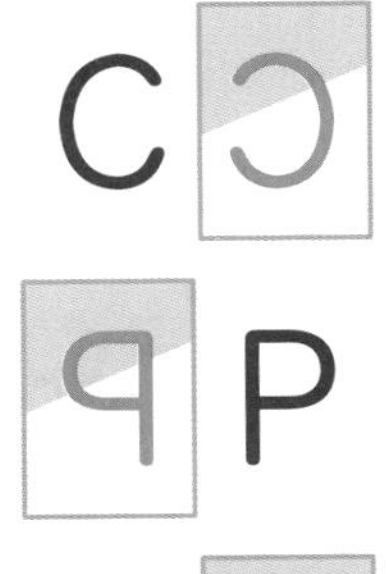

- CP对称中，相关粒子的电荷和宇称可以被反向变换。这种对称适用于强核力和电磁力，但无法适用于弱相互作用。
- CPT对称中，粒子的电荷、宇称和时间都可反向变换。标准模型强调CPT对称在任何情况下都成立。

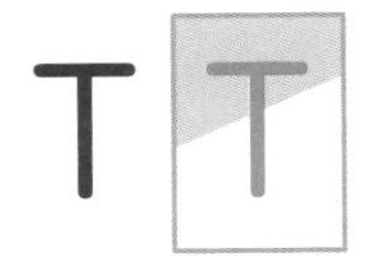

对称的力

物理学家认为，在宇宙大爆炸发生的瞬间，所有四种力都是对称的。它们作为一个整体发挥作用，并产生同样的效果。对称性破缺释放出了巨大的能量，推动了早期宇宙的突然膨胀。

万有理论

我们是否能够简化标准模型中的四种基本力和各种基本粒子？大多数理论物理学家认为这是可能的，因此他们致力于创造大统一理论，甚至万有理论。

统一理论

在能量极高的环境中（例如粒子加速器），力开始变得对称。弱核力和电磁力产生相同的效果，这意味着它们可以被同一个“电弱”模型所统一。

理论物理学家希望，在更高的能量下，强核力可以与弱核力统一。如果该假设正确，由此产生的“电核”力可以用所谓的大统一理论（GUT）描述。各种候选的大统一理论预测有：

- 在约为10^{16} GeV/c^2的能量下（远远超过任何粒子加速器的能量），将会涌现大量的新粒子。

- 质子衰变。根据标准模型，质子应当是稳定的，但其偶尔也会自发衰变为其他粒子。
- 磁单极，即具有磁场但只有一个磁极的假想粒子。

然而，上述的种种预测人们都还没有在现实中观察到。因此，虽然大统一理论或许是可能的，但我们仍不知道为数众多的各种替代模型中哪一个才是正确的。

万有理论

将引力和其他三种力统一在一个“万有理论”中则是一个更大的挑战。虽然我们已经能够用量子场论描述其他三种力，但迄今为止，广义相对论仍然是引力的最佳模型。

在大多数使用了“量子引力”的概念从而把四种力统一起来的模型里，引力子都不可或缺。引力子是传递引力的规范玻色子，其必有属性是：

- 质量为零。
- 以光速运动。
- 自旋为2 。

如果引力子确实存在，那么只有在我们可以想象的最小的尺度上（大约为10^{-35}米），它才会产生较为明显的影响。在更大的尺度上，它必然产生广义相对论中著名的效应，例如时空扭曲。

弦理论与额外维度

我们可否假设，在一种潜在的现实里，基本粒子的各种量子化特性实质是在不同维度上振动的能量弦？

简谐振动的粒子？

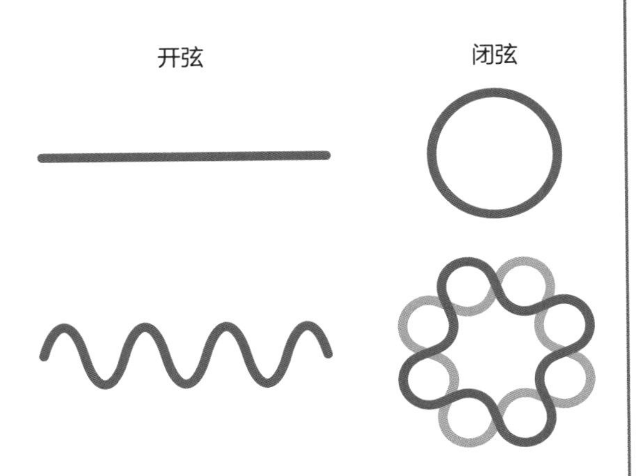

长久以来，科学家一直孜孜以求一个包罗万象的万有理论，而弦理论是其中最热门的候选理论之一。在这个理论里，自然界中所有的力和粒子都被整合在一个模型中：

- 粒子是长度约为10^{-35}米的振动能量弦。
- 与所有振动的弦同理，这些弦构成了具有不同谐波频率与波长的驻波。
- 通过研究这些谐波，我们可以推导出不同粒子的特征值。由于弦无法占据彼此之间的空间，故而我们可以解释为何这些粒子的量化属性都呈离散态。
- 为了推测出粒子所呈现出的所有特征，弦振动必然还在我们熟悉的三维空间之外发生。这就是为什么我们需要引入额外维度的概念。

更高维度

不同版本的弦理论需要不同数量的额外维度：

- 20世纪60年代发展起来的玻色弦理论需要26个时空维度以推导出玻色子。
- 超对称弦理论将时空维度缩减到10个。在这一理论里，每个标准模型下的费米子都需要一个高能“超伴子”玻色子，反之亦然。
- M理论将五种各不相容的弦理论统一起来，构造了一个十一维时空模型。

额外维度在哪里？

如果额外维度确实存在，它们很可能是被高度压缩的。这些维度卷曲得如此之小，以至于根本无法被探测到。想象一下，当你远远地看一个球或一根管子时，它们会被简化成一个点或者一条线，我们无法将这些三维的物体与一维的点或二维的线区分开来——观测尺度决定一切。

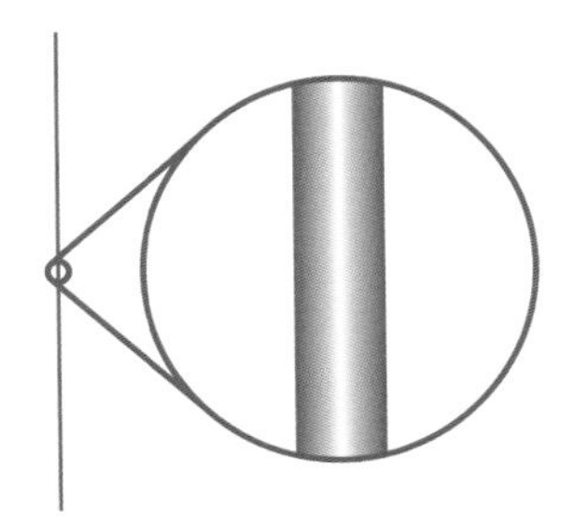

相对论与宇宙学

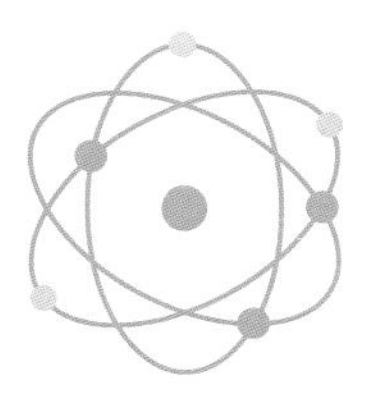
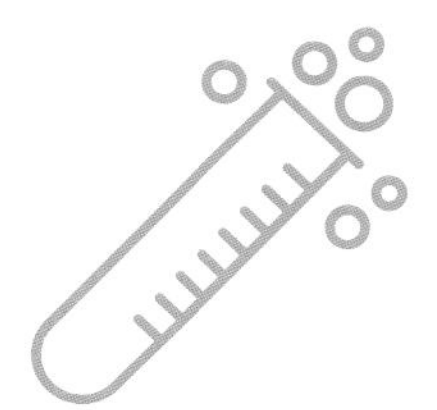
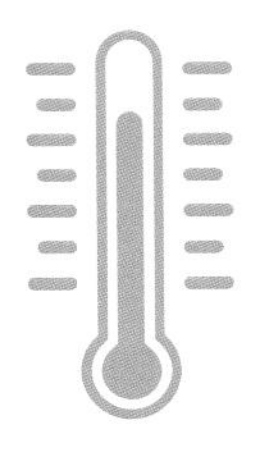

相对论的起源

自物理学诞生伊始，相对性的概念就一直存在。但直到20世纪，这个概念才开始对物理学的各个方面产生翻天覆地的影响。

伽利略的相对论

伽利略是第一个提出相对论原则的人。他认识到一个重要的观点，即物理学定律面前人人平等，否则我们无法对这些定律进行有意义的讨论：

- 每个实验者的位置都处于不同的运动状态或受到其他的影响，这使得每个实验者都是独一无二的。
- 因此，为什么特定的实验者会享有“特权”，成为物理事件真实情况的唯一见证者呢？
- 所有实验者所做的实验，最终都必然导致相同的规律。

迈克耳孙–莫雷实验

19世纪末，相对论开始陷入困境。当时，人们试图通过以太（所谓传输电磁波的媒介）来测量地球的运动，结果却一无所获。

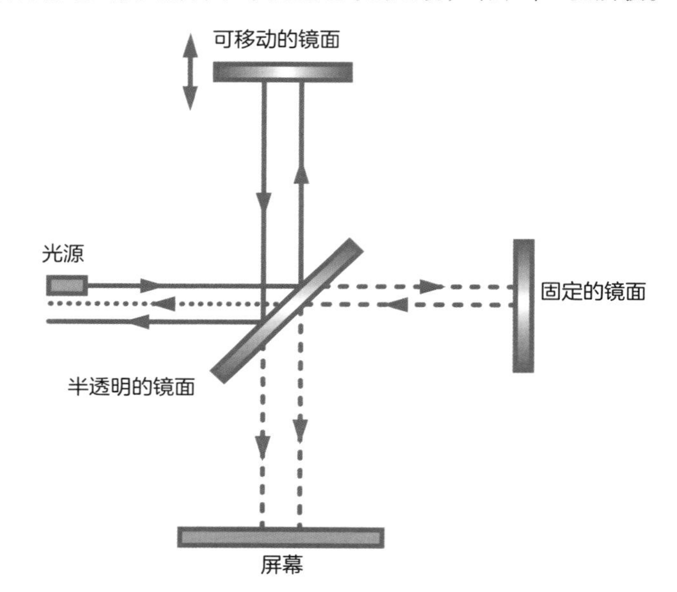

1887年进行的迈克耳孙–莫雷实验，原本是被设计来探测以太效应的：

- 一束光被分开并沿着两条路径发送，呈直角来回反射多次。其中一道“半”光束与地球运动方向平行，另一束与之成直角。
- 由于地球在以太中的运动，这两束光的传播速度应当略有不同。
- 这两道“半”光束被重新整合并产生干涉图样。
- 随后旋转整个仪器。根据预测，这应该改变两道分开的光束的相对速度，并影响干涉图样。
- 然而干涉图样并没有显示出任何变化。无论方向如何，光速似乎都不变。

狭义相对论

为了消除人们对经典牛顿宇宙观日益增长的疑虑，1905年，爱因斯坦发表了狭义相对论，重塑了物理学的定律。

狭义相对论是什么?

爱因斯坦的狭义相对论之所以为“狭义”，是因为它仅适用于有限范围的情况，即仅对不涉及加速的惯性参考系适用。

- 参考系：用于测量的一个坐标系以及一系列参考点，例如一个任意原点以及一个长度单位。

爱因斯坦摒弃了传统的设定框架，只用两个假设来重新定义物理学定律：

- 物理学定律在所有的惯性参考系中都是相同的（即对伽利略相对论原理的重述）。
- 对所有观察者来说，无论光源和观察者的相对运动状况如何，真空中的光速恒定不变。

在这两个原则的指导下，他设计了一些“思想实验”，思考在各种情况下可能发生的事件。

同时性的相对性

相对论的效应之一体现于同时发生的事件。请想象两个观察者，一个位于火车站台上，一个坐在经过的火车车厢正中间。

- 在两个观察者“擦肩而过”的一瞬间，一束光从车厢中间被触发。
- 对移动的观察者而言，车厢的两端是等距的，因此速度恒定的光将同时照射到车厢两端（t为时间）。

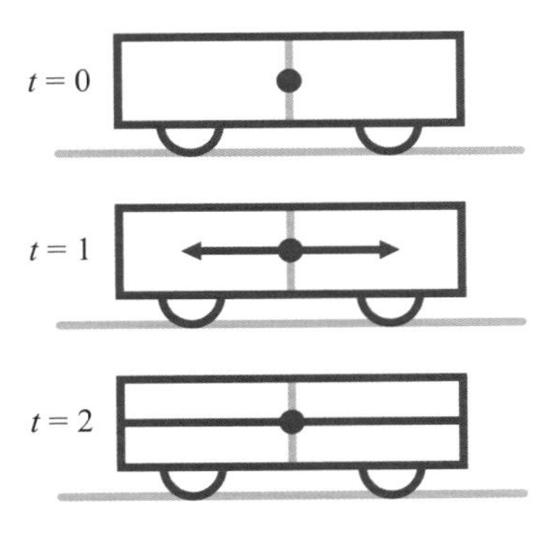

- 对静止的观察者而言，向前运动的光需要经过更远的路径才能到达车厢的前端；而向后运动的光与车厢的后端相向运动，因此它能更快到达目的地。

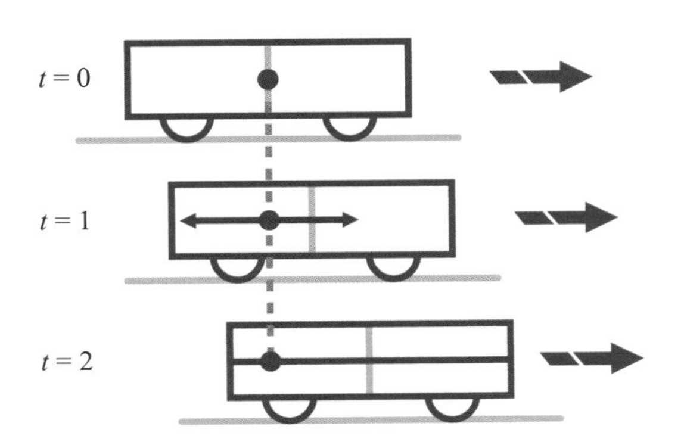

洛伦兹变换

爱因斯坦的狭义相对论方程中经常出现一个数学公式。这个公式最初由亨德里克·洛伦兹（Hendrik Lorentz，1853—1928）推导出来，用于预测物体在以太中运动的行为模式。

洛伦兹因子

为了解释迈克耳孙-莫雷实验失败的原因，一些物理学家提出了这样的观点：以太致使物体在其运动方向上收缩。因此，光的路程会被缩短，以补偿"以太风"对它产生的减速作用。

洛伦兹引入了洛伦兹因子γ来对这种效应进行计算：

$$\gamma=\frac{1}{\sqrt{1-\frac{v^2}{c^2}}}$$

尽管洛伦兹的灵感来源受到了所谓的"以太"的误导，但爱因斯坦意识到，在物体和观察者以极高的速度（接近光速）相对运动的情况下，洛伦兹因子对时空的行为模式起着指导性作用。

当一个由空间坐标x、y、z和时间坐标t定义的物体以速度v在x方向运动时，它将经历两个洛伦兹变换：

$$x'=\gamma\,(x-vt)$$

$$t'=\gamma\,(t-\frac{vx}{c^2})$$

因为与日常生活中涉及的速度相比，光速c高出了好几个数量级，所以除了最高的"相对论"速度，洛伦兹因子在通常条件下都非常接近于1。因此，这些变换与经典物理学中的预期值没有区别。然而，当相对速度接近光速时，$\frac{v^2}{c^2}$变得非常重要，洛伦兹因子也会随速度增大而增大：

速度为0.1c时，$\frac{v^2}{c^2}=0.01$，$\gamma=1.005$。

速度为0.5c时，$\frac{v^2}{c^2}=0.25$，$\gamma=1.15$。

速度为0.9c时，$\frac{v^2}{c^2}=0.81$，$\gamma=2.29$。

速度为0.99c时，$\frac{v^2}{c^2}=0.98$，$\gamma=7.09$。

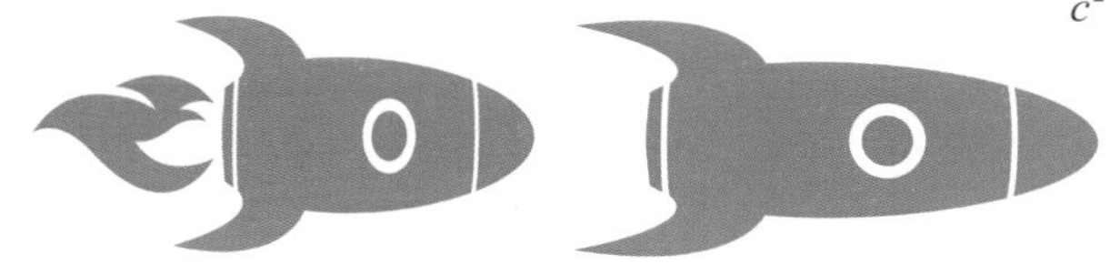

运动，静止

而由此导致的两个关键结果是：

- 洛伦兹收缩：运动物体在其行进方向上长度变短。
- 时间膨胀：相对于外部观察者，运动中的物体经历的时间流逝得更慢。

质能等价

在其广义相对论的雏形产生的同时，爱因斯坦还发表了另一篇论文，质疑人们对能量和质量的普遍理解。在这篇论文中，他推导出了著名的质能公式。

惯性与能量

狭义相对论为宇宙设定了一个绝对的速度上限，即光速。那么，当一个带有质量的物体试图接近这个速度时会发生什么呢？恒定的光速如何与能量和动量的守恒相协调？

爱因斯坦在1905年发表的一篇论文中解释道，根据狭义相对论，对于已经以相对论速度运动的物体，提供给它的能量会更多地提高其质量而不是速度。这使得物体的能量和动量增加，但加速度受限。

以速度v运动的物体，其能量E、质量 m和动量p由以下公式给出：

$$E = \gamma E_0$$
$$m = \gamma m_0$$
$$p = \gamma mv$$

其中，γ为洛伦兹因子。

因此，在物体相对于观察者的参考系静止的情况下，E_0是物体的静止能量，m_0是物体的静止质量。根据这些联系，爱因斯坦指出能量和质量实际上在任何条件下都是等价的，并通过方程把二者关联起来：

$$E = mc^2$$

质量、能量与放射性

19世纪后期，科学家们开始研究不同形式的放射性辐射，一个重要的问题是产生γ（伽马）射线的能量从何而来。微小的单个粒子究竟是如何产生这种高能辐射的？爱因斯坦的方程提供了解决方案：当原子核重组，中子转化为质子时，原子质量的一小部分被直接转化为能量。

时空

用于理解狭义相对论的最强大的工具之一是由爱因斯坦的前导师赫尔曼·闵可夫斯基（Hermann Minkowski，1864—1909）开发的。

时空图

闵可夫斯基提出了一种用图表直观地处理空间和时间事件的方法：

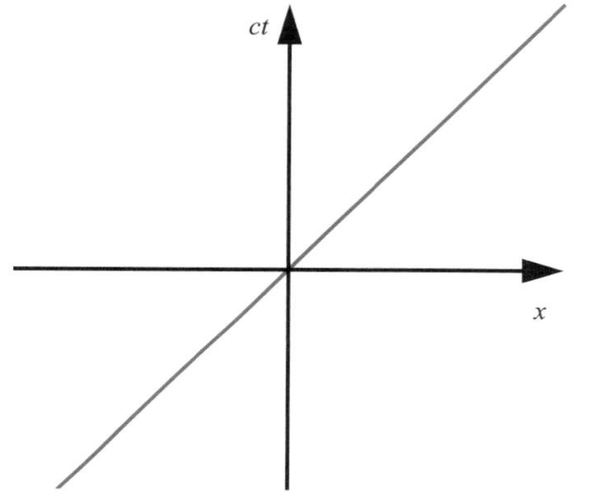

- x轴表示物体在一维空间的运动。
- y轴表示物体在时间中的运动，写作ct，即光速×时间（光程）。
- 物体和事件在图中以线的形式进行描述。
- 由于时间轴以ct定义，因此以光速运动的光子在图中呈45度角移动。

时空与几何

在爱因斯坦的火车例子中，看待两个参考系之间差异的一个角度是把它们看作定义这两个参考系的轴的旋转。我们可以用简单的几何学对这些变化的影响进行建模，并产生与洛伦兹因子等效的结果。

重新审视同时性

请重温运动的火车思想实验。火车上的观察者的时空图如下：

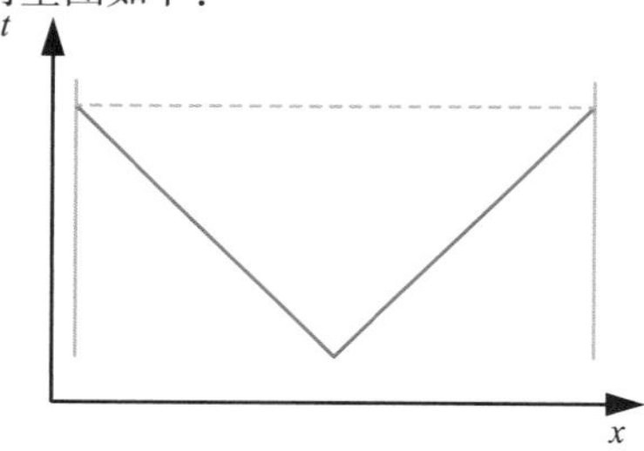

- 光子呈45度角从中心向外运动。火车的两端位置不变，所以它们是垂直于横轴的“事件”，同时被光子击中。

现在我们再作站台上观察者的时空图：

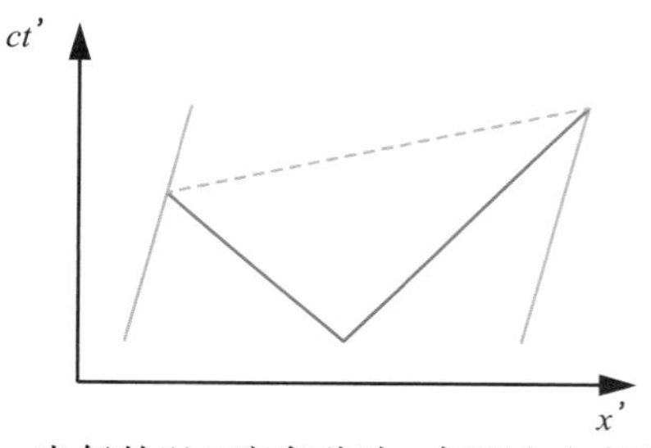

- 光仍然以45度角移动，但现在火车的两端是移动的“事件”，本身也倾斜了一定的角度。此时，光束会被先后拦截。
- 注：为了清晰起见，图中的角度被放大了。事实上，在非相对论速度下，人们是无法察觉这种效应的。但是在相对论速度下，表示车厢两端的直线会向45度方向倾斜，这时神奇的现象便会发生。

广义相对论

在发表狭义相对论后，爱因斯坦花了十年时间扩展了广义相对论，可以同时适用于加速和非加速参考系。

等效原理

1907年，爱因斯坦提出了广义相对论的大纲：

- 地球表面的静止观察者并不在惯性参考系中。他们受到一个稳定的向下加速的力的作用，即我们熟悉的重力。
- 所以，就作用于特定参考系的力而言，任何引力场的存在都与恒定的均匀加速度等效。
- 因此，极端引力的效应等同于相对论运动的效应。引力造成了空间和时间的扭曲，与狭义相对论中的时空变形效应相似。

爱因斯坦场方程

广义相对论以一种极为简洁的数学形式描述了时空与引力之间的关系：

$$R_{\mu\nu}-\frac{1}{2}Rg_{\mu\nu}+\Lambda g_{\mu\nu}=\frac{8\pi G}{c^4}T_{\mu\nu}$$

各种元素的含义超出了本书的范围，但简单说来，$R_{\mu\nu}$是里奇曲率张量，R是数量曲率，Λ（lambda）是推动空间膨胀的宇宙学常数，$g_{\mu\nu}$是度量张量，$T_{\mu\nu}$是应力–能量张量。在这个术语的迷宫中，光速c和牛顿的引力常数G十分显眼。

相对论的类比

“橡胶板”模型是可视化广义相对论的常用方法，它将高深的科学原理以我们更熟悉的语言进行解释。它“舍弃”了三个空间维度之中的一个，把空间想象成一个二维的薄片。大质量物体使橡胶板“向下”凹，这与下凹区域内的物体所经历的变形相对应。

我们应当谨慎使用“橡胶板”的比喻类比，因为它并不能真正代表正在发生的事件。

引力透镜

1919年，对太阳附近恒星的观测为爱因斯坦的宇宙论提供了惊人的证据。观测结果揭示了引力透镜效应，而这一现象后来成为现代天文学的一个重要工具。

时空透镜

在广义相对论中，大质量物体会扭曲周围的时空，而不是简单地对其他物质施加引力。因此，爱因斯坦的理论预测，无质量的物体（如光）也应当受到引力的作用。这导致了如下几个结果：

- 从遥远的物体到达地球的光线，其光源的实际位置可能与我们的推算有所偏差。

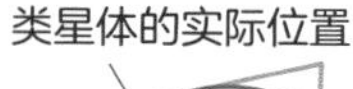

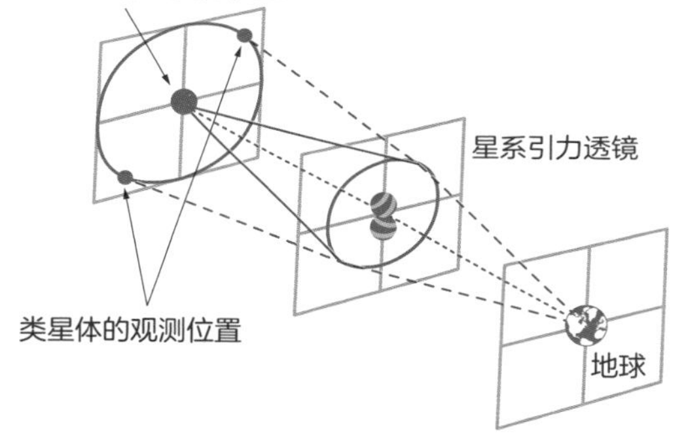

- 大型物体的图像会被扭曲，常常变成环形或弧形。
- 当物体整齐排列时，前景物体造成的畸变可以作为一个完美透镜，将光线重新导向地球，并形成异常明亮的背景光源图像。

相对论的证明

1919年，天文学家亚瑟·爱丁顿（Arthur Eddington，1882—1944）前往西非的普林西比岛观测日全食。日食遮挡了来自太阳的光线，使他能够测量非常靠近太阳的恒星的位置。事实证明，这些恒星与它们的预期位置略有偏差，这证实了引力透镜效应的存在，爱因斯坦的理论是正确的。

引力透镜的应用

天文学家发现了引力透镜的许多巧妙应用，包括：

引力透镜使小而遥远的星系显得更加明亮，使它们进入地基望远镜和空间望远镜的观测范围。

透镜是由前景物体的总质量（包括暗物质和黑洞等）引起的。通过计算引力透镜的扭曲效应，天文学家可以算出其包含的总物质及其分布情况。

当类地小行星从其母星前面经过时，由于“微透镜”的作用，它们有时会导致恒星的光逐渐变亮又变暗。这使我们可以发现新的行星，甚至可以计算其重量。

引力波

引力波是广义相对论最后一个未被证实的预言，曾经在一个多世纪里，人们都无法探测到它的存在。如今，人们终于找到了引力波存在的证据，这有望开辟研究宇宙的新方法。

空间的涟漪

爱因斯坦的广义相对论场方程预测，大质量物体的运动会造成时空的扭曲，而且这种扭曲会在宇宙中扩散。当物体呈周期性运动（例如，当两颗大质量恒星高速相互绕行时），扭曲会以周期波的形式在宇宙中荡漾。

经过地球的引力波在空间的不同维度上引起微小的周期性变化。这种扭曲相当于质子在一个4千米长的典型探测器里所引起的变化。

我们可以用激光干涉仪测量扭曲。干涉仪将一束经过微调的激光分成两半，沿两条互相垂直的路径发送并反复反射，光程总长达1120千米。随后，分开的光束被重组，每条行进路径的精确长度决定了它们相互干扰的方式，而引力波通过时则会产生独有的信号。

科学家可以使用坐落于不同地点、朝向不同的干涉仪，探测引力波从哪个方向穿过地球。

引力波天文学

- 迄今为止，我们探测到的引力波均来自大质量坍缩恒星剧烈的合并过程。在最后时刻，极其致密的中子星或黑洞被困于彼此的轨道上，盘旋、碰撞、然后合体。
- 天文学家的最终目标是利用引力波看穿包围可见宇宙的不透明的“墙壁”，并研究宇宙大爆炸纪元发生的事件。

黑洞

黑洞是宇宙间最神奇的物体。它是广义相对论所允许的质量无限大的单点，一个性质极其特殊的屏障区将其与宇宙的其他部分相隔绝。

奇点

奇点的概念诞生于广义相对论方程。大量的质量聚集在时空的一个点上，在这里，物理学定律在极限条件下发挥作用。

1916年，卡尔·史瓦西（Karl Schwarzschild，1873—1916）指出，奇点必然被一个引力超强、时空极其扭曲的区域所包围，甚至连光都无法从这个区域逃逸。这就是所谓的“事件视界”。

然而，直到20世纪50年代，天文学家才开始认真思考黑洞存在于物质宇宙中的可能性。20世纪60年代，简并的中子星被发现，方才证明了大质量恒星的可能引发足以产生奇点的剧烈坍缩。

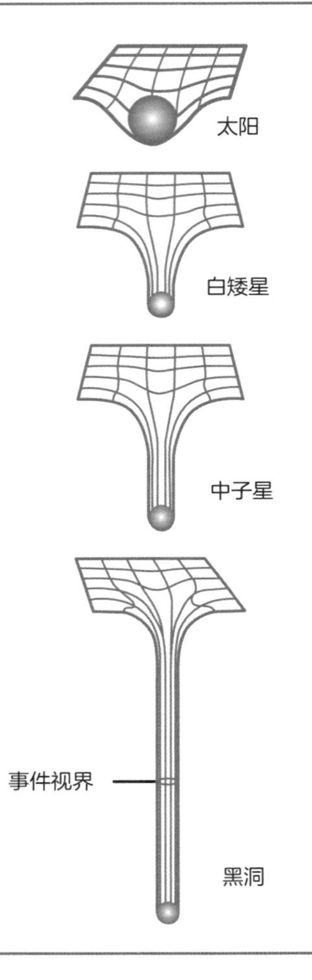

事件视界内部

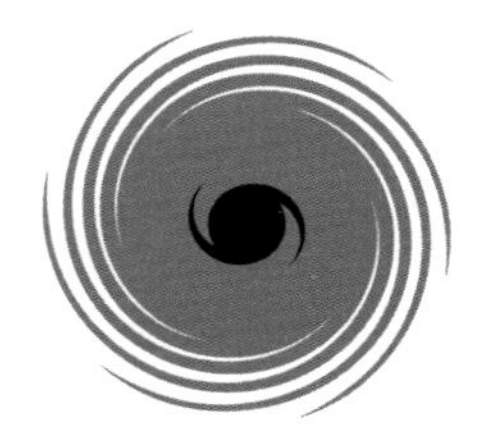

光在接近事件视界时，波长被拉得极长，以致最终变得不可见。向内坠落的物质会经历极为强大的潮汐力，在一个被称为“意大利面化”的过程中被撕裂成构成它的原子，并被加热到极端温度。这意味着，尽管辐射不可能从视界面逃逸，但黑洞周围常存在着过热的弥散物质所形成的“吸积盘”，这种结构能发射出范围广大的辐射。

宇宙间的黑洞

恒星质量黑洞	中等质量黑洞	超大质量黑洞
数以十计的太阳质量	数以百计的太阳质量	数百万或数十亿的太阳质量
由超大质量恒星的坍缩核心形成	由星团拥挤的中心区域里较小的黑洞合并而成	由星系形成过程中较小黑洞的失控增长及合并形成

霍金辐射

坠入黑洞的物质果真会被永远困于其中吗？依斯蒂芬·霍金（Stephen Hawking，1942—2018）之见，未必如此。

边界上的粒子

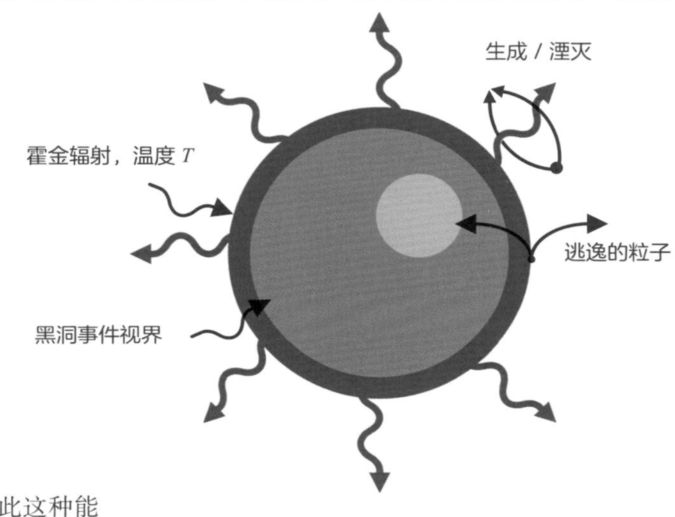

- 由于时间–能量不确定性原理，虚粒子对在整个宇宙空间中无休止地生成和湮灭。
- 如果一个粒子对在黑洞的最边缘形成，粒子之一会被事件视界吞噬，而另一个则逃逸到太空中。
- 幸存的粒子被迫变成“真实”的粒子。从真空中借来的能量无法通过湮灭还回，因此这种能量被黑洞“偷走”。
- 从离事件视界较远的地方观察，其结果是一个完美的黑体辐射模型，其中温度与黑洞的质量成反比：$T \propto \frac{1}{m}$。
- 随着时间的流逝，黑洞的能量和质量逐渐被霍金辐射耗尽，我们把这一过程称为蒸发。除非黑洞能从周围环境中获得额外的质量，否则它的引力会逐渐变弱，最终在一道γ（伽马）射线的闪光中爆裂。
- 恒星质量的黑洞从其周围环境，甚至从宇宙微波背景吸收足够的能量来阻止蒸发。
- 然而，在大爆炸期间形成的质量为10^{11}~10^{12}千克的小型黑洞或许可以在几十亿年内蒸发殆尽，因此，我们也许能够在今天的宇宙中观测到它们的消亡过程。

黑洞与信息

根据量子物理学的基本原理，粒子量子态的相关信息无法被毁灭。然而首次被提出的霍金辐射似乎表明了相反的情况：理论上，黑体辐射应当是完美的，其性质完全由黑洞的质量决定，与进入黑洞的物质无关。在20世纪90年代，霍金修改了他的理论，允许事件视界本身存在微小的量子涨落。这是一种对被吞噬的粒子信息进行“编码”的方法，从而量子世界的信息在理论上得以保留。

虫洞与时间机器

除了黑洞，爱因斯坦场方程还允许另一种奇怪的时空结构存在，我们称之为“虫洞”。如果虫洞确实存在，我们或许能够找到穿越宇宙的捷径，甚至可以利用虫洞建造时间机器。

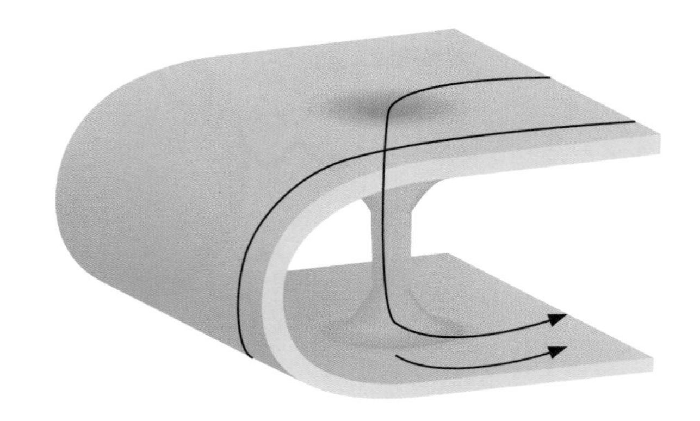

虫洞几何

虫洞也被称为爱因斯坦–罗森桥，是连接两个遥远时空区域的开放的隧道。它的结构有点类似于黑洞，但不是被“捏”成一个奇点；虫洞内部扭曲的时空最终将会通过“隧道”，在遥远时空区域的另一个虫洞出现。

因此，虫洞提供了一条理论上的宇宙捷径，宇宙飞船或许能够在较短的时间内穿过千万光年而不受光速的限制。

到目前为止，天文学家还没有发现证据可以证明持续稳定的自然虫洞确实存在。或许在将来的某一天，我们能够建造一个人工虫洞；但若要防止虫洞坍缩成奇点，我们需要拥有假想性质的异常物质，如负质量物质。

建造时间机器

如果我们能够找到或建造一个虫洞，我们便可以把它作为时间机器的基础。其原理是在虫洞的两端创造时间差，同时将它们在空间中紧紧相连。

- 来自先进文明的工程师通过虫洞旅行。
- 他们发明了一种锚定虫洞远端的方法（例如通过虫洞对行星的引力），使传送成为可能。
- 虫洞的远端以相对论速度被拖回原点，而时间膨胀效应导致它的时间流逝得更慢。
- 当远端被送回原点时，它已经回到了过去。
- 人们可以通过虫洞旅行到过去或未来。这种“时间跳跃”在任一方向都是无限的，但人们不可能回到时间机器被制造出来之前。

大尺度宇宙

宇宙学是天文学的一个分支，主要关注宇宙的大尺度结构、起源和命运。宇宙学建立在20世纪的一系列不寻常发现之上。

宇宙的尺度

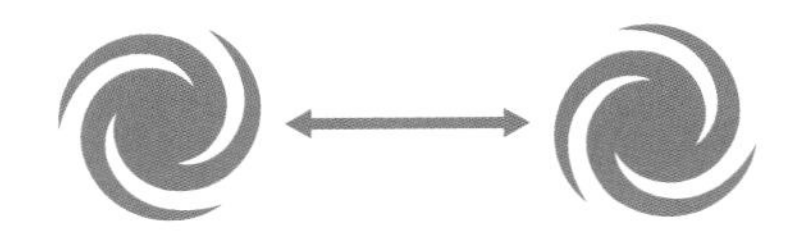

埃德温·哈勃，1925年

在神秘的“螺旋星云”中发现了可以预测其真实光度的恒星后，人们才发现了外部星系的存在，意识到宇宙距离尺度之巨大。这些发现表明大多数星系离地球有数百万光年的距离。

宇宙时间机器

宇宙的距离尺度是如此巨大，以至于连光从遥远的天体到达地球也需要用上数百万年的时间。随着望远镜的改进，更多的遥远天体进入了我们的视野，而这些观测结果向我们展示了宇宙在几十亿年前的样子。

宇宙的膨胀

埃德温·哈勃，1929年

银河系以外的其他星系产生的光谱稳定地向红端位移（多普勒红移），意味着它们正在离我们远去。星系离我们越远，它的退行速度就越快（哈勃定律）。这表明整个宇宙正在从密度更大、温度更高的早期状态膨胀开来。

微波背景辐射

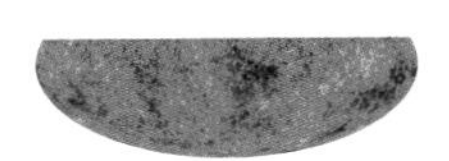

阿诺·彭齐亚斯（Arno Penzias，1933—）和罗伯特·威尔逊（Robert Wilson，1936—），1964年

宇宙中充满了来自各个方向的微弱的微波辐射，因此其对应的背景温度比绝对零度高2.7℃。这种宇宙微波背景辐射（CMBR）是宇宙变得透明的时期释放的光，这些光在穿越空间并射向地球的过程中，波长被拉伸至微波范围。

光年

1光年是光在一个地球日历年中传播的距离：

1光年 $= 9.5 \times 10^{12}$ 千米

哈勃定律

在近域宇宙中，星系退行速度与哈勃常数有关：

$H_0 \approx 73.3\text{km/s/Mpc}$

宇宙大爆炸

大爆炸理论是最成功的宇宙模型。它解释了宇宙从何而来，以及它是如何演化的。

大爆炸的发现

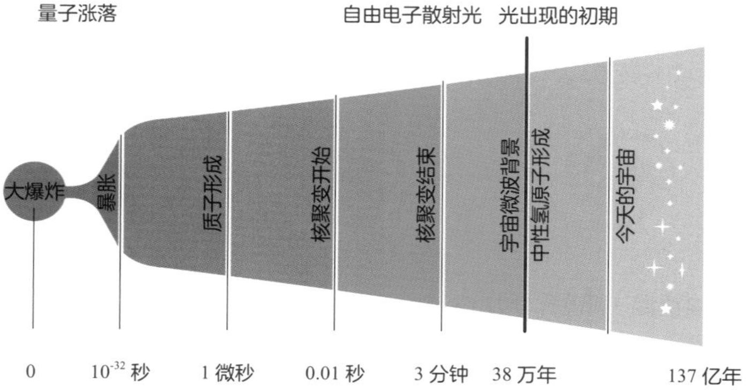

发现宇宙正在扩张之前，天文学家普遍认为宇宙是永恒的，没有起源，亦没有终点。1931年，乔治·勒梅特首次提出宇宙起源于温度极高、密度极大的状态（即“原始原子”）。

核物理和粒子物理领域取得的进展很快表明，如果我们追溯到久远的宇宙纪元，甚至在膨胀还未开始的时候，彼时的物质以纯能量的形式存在。

“大爆炸”一词，其实最初来源于“稳态宇宙”的支持者弗雷德·霍伊尔（Fred Hoyle，1915—2001）对大爆炸理论的讥讽。“稳态宇宙”论是大爆炸理论的对立面，在这个理论中，物质被不断创造出来以填补宇宙扩张带来的真空。

1948年，拉尔夫·阿尔菲（Ralph Alpher，1921—2007）和乔治·伽莫夫（George Gamow，1904—1968）设计了“原初核合成”理论，以解释大爆炸的纯能量如何产生主宰宇宙的轻质元素的原子。

1964年，宇宙微波背景辐射的发现为大爆炸提供了有力的证据。

大爆炸的时间轴

大爆炸后10^{-43}秒 宇宙是如此之小，甚至连量子物理学定律也不适用。

大爆炸后10^{-43}秒至10^{-32}秒 基本力之间的对称性被打破，导致了名为“暴胀”的剧烈膨胀。

大爆炸后10^{-32}秒至10^{-6}秒 能量被转化为夸克-反夸克对，它们大多很快湮灭并再次释放能量。然而，少量过剩的夸克幸存了下来。

大爆炸后10^{-6}秒至1秒 此时夸克无法再形成，原有的夸克相互结合成重子。

大爆炸后1秒至10秒 轻子和反轻子停止生成和湮灭，留下少量过剩的轻子。此时，光子携带着宇宙中的大部分能量。

大爆炸后3分钟至20分钟 重子相互结合，形成小质量原子的原子核。

大爆炸后至38万年 直至此时，宇宙仍然是不透明的 。致密的物质形成了一层“浓雾”，光在粒子之间反弹，但无法逃脱“浓雾”的笼罩。

大爆炸后38万年时 温度下降到约3000℃，这样的低温足以让电子和原子核结合形成第一个原子。物质的密度下降，宇宙终于变得透明。

大爆炸后1.5亿年 第一批恒星形成，宇宙的“黑暗时代”结束。

暗物质

科学家在对我们的银河系和河外星系进行观测后发现，我们能够在宇宙中看到的普通物质只占宇宙总物质的一小部分（15%）。而那剩下的85%，是不为人知、神秘莫测的暗物质。

暗物质的发现

暗物质并不如其字面意思所述是一团黑暗。其实，暗物质是完全透明的，而且不以任何方式与电磁辐射相互作用。暗物质是通过两种不同尺度的观测被发现的：

1.星系团

兹威基测量了后发座星系团中的星系所受的引力，发现实际测得的引力比可见星系理论上应受的引力要强得多。因此他估算，看不见的暗物质比可见物质的质量要高出400倍。

2.银河系自转

鲁宾测量了银河系不同部分的恒星运动，发现星系转速与预期不同，而银河系的可见质量无法解释这种情况。由此她得出结论，银河系所包含的暗物质是可见物质的5~10倍，尤其是在恒星聚集的螺旋星盘上方和下方的光环区域。

- 近几十年来，人们改进了观测方法，对不发出可见光的普通物质（如发射红外线的低温尘埃云）进行观察。结果证实，暗物质比可见物质的质量约多出6倍。

所以，暗物质是什么？

天文学家对流传最广的两种关于暗物质的解释进行了研究：

- 晕族大质量致密天体（MACHOs）。黑洞和流浪行星等天体在星系周围的光环区域内运行，但由于其体积小、光线弱，我们很难发现它们的存在。科学家们通过新的观测技术发现了一些MACHOs，但也证实了它们的数量远远小于暗物质的估计值。
- 大质量弱相互作用粒子（WIMPs）。WIMPs是不受电磁力影响的新基本粒子。人们曾经以为中微子是无质量的，直到1998年，科学家们发现中微子实质上占据了暗物质的一小部分质量。然而，我们仍然需要标准模型之外的其他粒子来进行进一步解释。

暗能量

科学家们曾经预测，在引力作用下，宇宙的膨胀正在减慢。然而，20世纪90年代末的一项突破性的发现表明，宇宙的膨胀不仅没有放缓，反而因一种名为暗能量的神秘力量而正在加速。

暗能量的发现

20世纪90年代，两个由天文学家组成的团队开始测试一种测量宇宙膨胀速度的新方法，这种方法巧妙地利用了遥远星系中的超新星爆炸来进行间接测量。

- la型超新星是一种特殊形式的恒星爆炸，当白矮星坍缩成中子星时发生。它们总是释放出相同的能量，因此也具有相同的光度。
- 这意味着，我们可以把这种超新星当作“标准烛光”，即具有已知亮度的物体。根据测量我们在地球上看到的亮度，可以算出它们与我们的距离。
- 天文学家将超新星的亮度与根据哈勃定律从其寄主星系的红移估算出来的亮度进行比较时，发现这些超新星的亮度始终比预期值低。
- 只有一种原因能解释这种差异：自宇宙诞生之初，其膨胀速度就不断增加。这种膨胀归因于神秘的暗能量，目前已知其占宇宙总能量的68.3%。

宇宙的命运

- 普通物质、暗物质和暗能量之间的平衡对宇宙的最终命运起着决定性作用。
- 如果宇宙具有足够的质量和引力，膨胀将逐渐减缓并最终逆转，导致“大挤压”。目前，人们认为这种可能性很低。
- 在一个质量正好的宇宙中，膨胀会越来越慢，但不可能完全停止。
- 在一个引力过小或暗能量过多的宇宙中，膨胀将永不停息，星系间的距离将越来越大，宇宙将在“大冷寂”中永远地归于冰冷。

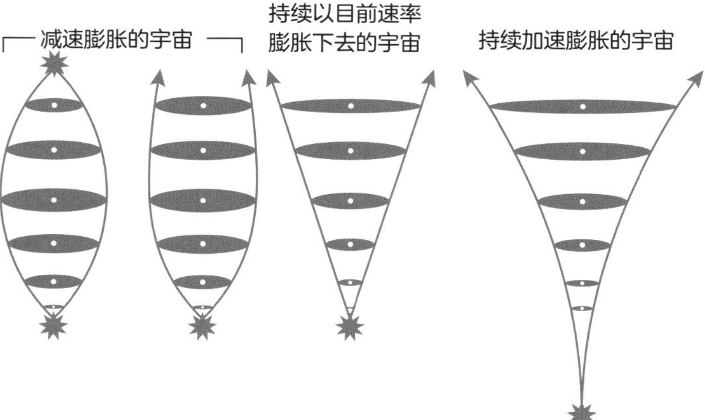

- 如果暗能量随时间的推移显著增加，甚至出现指数级增长，那么受到影响的物体尺度将越来越小，直到星系、太阳系、行星乃至原子在“大撕裂”中被撕成碎片。

人择原理

宇宙中智慧生命的存在是出于纯粹的巧合，还是具有某种更深层次的意义？对于极具争议的“人择原理”（即以人类为中心的宇宙观），科学家们进行了激烈的探讨，并得出了不同的结论。

微调的宇宙

马丁·里斯（Martin Rees，1942—）在著作《六个数》（*Just Six Numbers*）中，将宇宙孕育生命的能力定义为对一系列物理常数的依赖，而这些常数似乎都是经过可疑的微调的：

- N，质子之间电磁力与引力之比。
- ε（epsilon），氢氦核聚变反应的效率。
- Ω（omega），反映引力与宇宙膨胀之间平衡的密度参数。
- λ（lambda），即宇宙学常数，定义了宇宙中暗能量的量。
- Q，衡量星系形成及保持稳定的难易程度。
- D，时空中的空间维数。

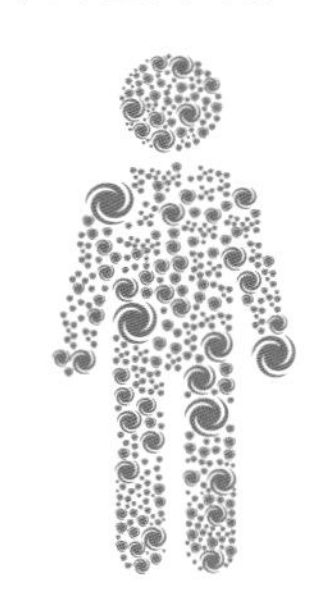

词汇表

α 粒子：在放射性 α 衰变过程中从原子核中释放出来的粒子，由两个质子和两个中子组成，相当于一个氦核。

角动量：描述一个绕轴（可以是内部或外部的轴）旋转的物体继续旋转的趋势，类似于线性动量，与物体的惯性和旋转速度有关。

原子：保留元素化学特性的最小物质单位（原子曾被认为是不可分割的，但现在已被证实是由亚原子粒子组成的）。

原子量：以“原子质量单位”表示的原子质量，即原子核内质子和中子的总数。一个元素的原子质量是其各种同位素质量的加权平均值。

原子数：特定原子内的质子数，决定了电中性的原子内电子的数目，以及这种原子构成的元素。

β 粒子：在放射性 β 衰变过程中从原子核中释放出来的粒子。β 粒子通常是电子，但也可能是正电子，在中子转化为质子或质子转化为中子时释放。

大爆炸：大约 137 亿年前创造出整个宇宙（包括空间、时间、所有物质和能量）的爆炸。

玻色子：一种“自旋”为整数的粒子，因不受泡利不相容原理的限制而有着特殊的行为方式。标准玻色子是在基本力相互作用模型中充当力的载体的玻色子。

电流：电荷在导体中的流动。电流通常是带负电的电子的流动，但按照习惯被定义为正电荷的运动（与电子本身的流动方向相反）。

电磁辐射：由变化的电磁场产生的一种波，由相互正交的电波和磁波在空间运动时相互转换而成。光、无线电波、X 射线和 γ（伽马）射线都是电磁辐射的不同形式。

电磁力：一种自然界的基本力，能够影响带有电荷的粒子，使电荷同性相斥，异性相吸。

电子：携带一个单位负电荷的小质量基本粒子。电子位于原子核周围的轨道上，在化学反应中起着关键作用，但它们也可以脱离原子，在电流中充当载流子。

吸热过程：从周围环境中吸取能量的化学或物理过程。

熵：对系统无序性的衡量，也可以理解为即使是理想热机也无法利用的能量。

放热过程：向周围环境释放多余能量的化学或物理过程。

费米子：“自旋”为半整数的粒子，受泡利不相容原理支配，因此表现出特定的行为方式。所有的基本物质粒子都是费米子。

力：改变（或试图改变）物体运动状态的相互作用。自然界有四种基本力，每种力在不同尺度和不同类型的粒子之间作用强度不同。

参考系：用于测量物体属性和行为的坐标系统。相对性原理指出，在一切惯性参考系内进行的测量将总是产生相同的结果，但在两个相对运动的参考系内分别进行观察，结果差异很大。

伽马辐射：能量最高、波长最短的辐射形式，由原子核在放射性衰变过程中释放。

引力：作用于所有有质量的物体之间的吸引力，并在物体之间产生一种加速力（重力）。根据广义相对论，引力的效应来自大质量物体周围时空的扭曲。

热机：所有利用受热分子中包含的能量做机械功的装置，如活塞。

惯性：带有质量的物体抵抗试图改变其运动的力的内在趋势。

平方反比定律：某种属性或力的强度的减小与离源头距离增加的平方成反比。平方反比关系在物理学中很常见，反映了力在空间中变得更加“稀薄”的方式。

离子：由于原子核中的质子数和外层的电子数不平衡而带有净电荷的类似原子的粒子。原子中的电子过剩产生负离子，而电子不足则产生正离子。

电离辐射：不稳定的放射性同位素通过放射性衰变而变为更稳定的形式时发射出的粒子和 γ（伽马）射线的总称。释放的粒子的能量经常使其周围的其他材料电离。

轻子：一种物质粒子，如电子或中微子，受弱核力而不是强核力的影响。

磁矩：一种与粒子的电荷及其自旋或角动量有关的属性，它决定了粒子磁场的强度。

磁性：由运动或旋转的带电粒子产生的电磁力的一种性质。

质量：一种反映物体的惯性以及其包含的物质的量的属性。质量是由物质粒子与无处不在的希格斯场相互作用而产生的。

动量：反映改变物体速度所需的力的属性，由物体的质量与其在特定方向的速度相乘所得。系统中的粒子发生碰撞后，它们的总动量保持不变。

中子：一种不带电荷的亚原子粒子，与质子的质量相似（但不完全相同），除了最简单的氢原子，存在于所有的原子中。

核聚变：一种在高温高压下发生在恒星内核的自然过程。该过程将氢等轻元素的原子核结合在一起，产生更重的元素并释放能量。

核裂变：通过分裂重原子核以产生较轻的原子核的过程（通常是人工的），并释放出能量作为反应的副产品。

轨道：由于引力的作用，一个物体围绕另一个物体运动所经过的椭圆路径。

泡利不相容原理：禁止费米子在同一个系统（如原子）中占据完全相同的“态”，因此在很大程度上决定了物质的结构。

光子：一小份电磁辐射脉冲，可以表现出与波和粒子相似的行为特质。

电势差：电场中两点之间的势能差异的衡量，以伏为单位。

势能：粒子或物体由于其在力场中的位置

而拥有的能量。

质子：原子核中的一种带正电的大质量亚原子粒子，由夸克组成。

放射性同位素：不稳定的、容易发生放射性衰变的原子同位素，通常是原子核中的中子明显多于质子所致。

自旋：亚原子粒子的一种性质，支配着粒子的某些基本行为。可类比于大尺度物体的角动量，但不完全相同。

强相互作用：自然界的一种基本力。这种力非常强大，但只在非常小的范围内发挥作用。它将夸克在核子内结合，也可以将核子在原子核内结合（后者结合程度较弱）。

不确定性原理：在最小的量子尺度上发挥作用的规律，导致某些属性对（如位置和动量，时间和能量）无法同时被绝对精确地确定。

真空管：一种通过在真空中传输电子，从而在两块具有较大电势差的板之间产生电效应的装置。

速度：运动物体在特定方向上的速率的度量。

虚粒子：由于时间－能量不确定性原理，而在极短时间内生成和湮灭的粒子。虚玻色子的交换是基本力发挥作用的关键。

弱相互作用：自然界的一种基本力，作用于原子核的微小尺度上。弱相互作用影响着所有的物质粒子，是放射性 β 衰变的原因。

重量：有质量的物体对阻止其在引力场中自由加速的一切物质施加的反作用力。重量的计量单位是牛，不应与质量相混淆。